工程建设百问丛书

土木工程材料百问

苏达根　张慧珍　苏　倩　编著

中国建筑工业出版社

图书在版编目（CIP）数据

土木工程材料百问/苏达根，张慧珍，苏倩编著.
北京：中国建筑工业出版社，2008
（工程建设百问丛书）
ISBN 978-7-112-09949-8

Ⅰ.土… Ⅱ.①苏…②张…③苏… Ⅲ.土木工程-建筑材料-问答 Ⅳ.TU5-44

中国版本图书馆 CIP 数据核字（2008）第 032624 号

工程建设百问丛书
土木工程材料百问
苏达根　张慧珍　苏　倩　编著
*
中国建筑工业出版社出版、发行（北京西郊百万庄）
各地新华书店、建筑书店经销
北京千辰公司制版
北京市密东印刷有限公司印刷
*
开本：850×1168 毫米　1/32　印张：7 3/8　字数：198 千字
2008 年 6 月第一版　2008 年 6 月第一次印刷
印数：1—3500 册　定价：**18.00** 元
ISBN 978-7-112-09949-8
（16732）

版权所有　翻印必究
如有印装质量问题，可寄本社退换
（邮政编码100037）

本书为工程建设百问丛书之一。根据《通用硅酸盐水泥》（GB 175—2007）、《碳素结构钢》（GB/T 700—2006）等一些新标准编写。书中对国家现行标准和工程实际材料应用中经常遇到的问题，以问答形式提出工程材料选用、检验、施工中应掌握和注意的各种问题，共计 301 个问题。

本书主要内容包括：土木工程材料概述、建筑金属材料、混凝土与砂浆、砌体材料、沥青和沥青混合物、合成高分子材料、木材、建筑功能材料等。本书注重理论联系实际，所列问题大多来自工程实际，由经验丰富的教授和土木工程技术人员做出系统的回答。本书既可作为高等院校师生的教学参考用书，也可用作土木工程人员学习、了解工程材料知识的培训学习教材和技术资料。

* * *

责任编辑：郭　栋
责任设计：董建平
责任校对：关　健　安　东

出 版 说 明

为了推动工程建设事业的发展，满足广大读者对这类图书的需要，我社拟陆续出版"工程建设百问丛书"。这套丛书共定为26 册（见封四），范围包括建筑工程、安装工程和建筑管理等学科。丛书涵盖的专业面较广，内容比较全面，并有一定深度，主要供工程技术人员、管理人员和工人阅读。

丛书的作者在编写每册图书时，均针对该学科应掌握的政策法规、标准规程、专业知识和操作技术，并根据专业技术人员日常工作中遇到的疑点、难点，逐一提出问题，并用简洁的语言辅以必要的图表，有针对性地、一事一议地给予解答。

以问答形式叙述工程技术问题的图书，预期会受到读者的欢迎。它的特点是问题涉及面广、可浅可深，解答针对性强、避免冗长。读者可带着问题翻阅，从中找出答案，增长才干；初学者可以从阅读中汲取知识和教益，满足自学的欲望。希望我们这套丛书的问世，能帮助读者解决工作中的疑难问题，掌握专业知识，提高实际工作能力。为此，我们热诚欢迎读者对书中不足之处来信批评指正，如有新的问题也请给予补充，协助我们把这套丛书出得更好。

中国建筑工业出版社

前　　言

土木工程材料种类繁多，既有不少的传统材料，还有众多的新材料。土木工程材料近年发展迅速，同时又涌现新的问题。如土木工程材料的节能环保问题、耐久性问题等等。所以，不管是初学者，还是资深的土木工程技术人员都需要不断学习、了解土木工程材料，更合理地使用土木工程材料。

本书注重理论联系实际，所列举的问题大部分源自工程实践，通过讨论这些问题，有利于培养分析解决实际问题的能力和创新能力。本书既可作为高等学校《土木工程材料》课程的教学参考书，也可供土木工程技术人员学习参考。

本书编著过程中得到众多同行的帮助。其中有华南理工大学张志杰、钟明峰、黎鹏平、区翠花、赵一翔、钟小敏、董桂洪、鲁建军、王功勋、袁秀霞、王小波，广州市市政工程维修处李萃斌、张有发，中交集团建筑材料重点实验室范志宏、熊剑波，广州大学何娟、程从密，广东英德英昊建材有限公司许国森等。本书在编写过程中还得到中国建筑工业出版社和华南理工大学的大力帮助，在此一并表示感谢。

由于土木工程材料的品种多，发展快，限于编者水平，书中如有不妥之处或错误，敬请广大读者批评指正。

编　者

目 录

第一章 土木工程材料概述

1. 什么是土木工程材料？为何初学者或资深的土木工程技术人员都需要在这方面不断学习？ ……………… 1
2. 我国的万里长城用了哪些土木工程材料？ ……………… 1
3. 什么是新型建筑材料？ ……………… 2
4. 土木工程材料为什么许多为复合材料？ ……………… 2
5. 什么是绿色建材？是否利用废弃物生产的建材都属绿色建材？ ……………… 3
6. 选用建筑材料应如何考虑其放射性核素限量？ ……………… 3
7. 排水法测定含大量开口孔隙的材料的体积密度时，为何材料表面必须涂蜡？ ……………… 5
8. 材料的空隙和孔隙有何差别？它们对土木工程材料的性能有何影响？ ……………… 6
9. 含水率与吸水率有何差别？为何加气混凝土砌块一次浇水不少，但实际上吸水不多？ ……………… 7
10. 有的以红砖建的房屋被水泡后会倒塌，应如何选用受潮或被水浸泡部位的结构材料？ ……………… 7
11. 材料的孔隙率越大，其抗冻性是否越差？ ……………… 8
12. 如何区分材料的亲水性与憎水性？它们在土木工程中有什么实际意义？ ……………… 9
13. 为什么新建房屋的墙体保温性能较差？尤其在冬季？ ……………… 9
14. 塑性材料与脆性材料有何差别？为何一些土木工程材料选用需要考虑其韧性？ ……………… 10
15. 土木工程材料耐久性应包括哪些内容？决定材料耐腐蚀性的内在因素是什么？ ……………… 11
16. 纳米技术在土木工程材料中有哪些应用？ ……………… 11

第二章 建筑金属材料

17. 土木工程中常用什么钢材？ ……………………………… 13
18. 人类建桥用的金属材料是如何演变的？ ………………… 14
19. 为什么不用钢材的抗拉强度作为结构设计时取值的依据？
    屈强比在工程中有何意义？ ……………………………… 14
20. 为何说伸长率（δ）是建筑用钢材的重要技术性能指标？
    δ_5、δ_{10} 和 δ_{100} 的意义有何差别？ ……………………… 15
21. 钢材的伸长率和冷弯性能都表示钢材的塑性，
    这两个指标有何不同？ …………………………………… 15
22. 什么是钢材的冲击韧性？什么是钢材的冷脆性？ ……… 16
23. 海洋环境对钢结构有哪些不利的影响？北海油田
    钻井平台为何会倾覆？ …………………………………… 16
24. 为何不宜采用一般的焊条直接焊接中碳钢？ …………… 17
25. 什么是钢材的冷加工强化及时效处理？冷拉并时效
    处理后钢筋的性能有何变化？ …………………………… 18
26. 为什么在建筑工程中常对钢筋进行冷加工？
    冷加工强化的钢材会有副作用吗？ ……………………… 18
27. 碳素结构钢如何划分牌号？
    其牌号与性能之间的关系如何？ ………………………… 19
28. 在工程中如何选用不同牌号的碳素钢？ ………………… 19
29. 用作钢结构的钢材必须具有哪些性能？ ………………… 20
30. H 型钢和工字钢有何区别？H 型钢如何分类？ ………… 21
31. 钢筋混凝土用热轧钢筋按力学性能分为几级？
    各级钢筋性能差别及主要用途如何？ …………………… 21
32. 普通热轧钢筋的牌号是如何表示的？ …………………… 22
33. 冷轧扭钢筋有何特点？ …………………………………… 22
34. 如何对进入钢结构施工现场的钢材进行检验和验收？ … 22
35. 如何鉴别钢筋的质量？ …………………………………… 23
36. 建筑工程中常用的铝合金制品有何特点？ ……………… 24
37. 铝合金型材为什么需要进行表面处理？ ………………… 25
38. 为何有的住宅铝合金窗使用两年后会变形，隔声效果
    及气密性变差？ …………………………………………… 25

39. 钢材是否耐火? ……………………………………………………… 26
40. 广东某斜拉桥使用 6 年后一条拉索突然坠落,
    为何密封于拉索内的钢丝会被腐蚀? ………………………… 26

第三章　无机胶凝材料

41. 什么是胶凝材料? 水硬性胶凝材料和气硬性
    胶凝材料有何差别? ……………………………………………… 28
42. 什么是"欠火石灰"和"过火石灰"? ………………………… 28
43. 石灰膏使用前为什么要进行陈伏? ……………………………… 29
44. 古代的石灰浆经检测强度甚高。有人说古代
    的石灰质量优于现在石灰。此说法对否? ……………………… 29
45. 某建筑的内墙使用了石灰砂浆抹面, 数月后出现了
    许多不规则的网状裂纹, 何因? ………………………………… 29
46. 钙质石灰与镁质石灰的技术要求有何差别? …………………… 30
47. 为何生石灰加水马上配制石灰砂浆
    可能会出现膨胀性裂缝? ………………………………………… 30
48. 为什么石膏制品具有"呼吸"功能? 此"呼吸"
    作用是否会引起石膏制品的变形? ……………………………… 31
49. 如何根据建筑石膏的特点予以应用? …………………………… 31
50. 为何高强石膏的强度比建筑石膏高? …………………………… 32
51. 为什么建筑石膏及其制品一般不适用于室外? ………………… 33
52. 用建筑石膏粉浆在光滑的天花板上粘贴石膏饰条
    如何避免坠落? …………………………………………………… 33
53. 普通石膏浮雕板用于厕所、浴室为何易出现
    发霉变形? 如何改善其耐水性? ……………………………… 34
54. 氯氧镁水泥有何特点? 如何根据其特点予以利用? ………… 34
55. 什么是水玻璃? 水玻璃的模数、浓度
    对水玻璃性能有什么影响? ……………………………………… 34
56. 水玻璃是如何凝结硬化的? ……………………………………… 35
57. 水玻璃涂在烧结普通砖表面可提高其抗风化能力,
    可否也涂在石膏制品表面? ……………………………………… 35
58. 水泥是如何分类的? 通用硅酸盐
    水泥包括哪些水泥品种? ………………………………………… 36

59. 为何在《通用硅酸盐水泥》新标准中将矿渣硅酸盐水泥分为两类？其性能有何差别？ …… 37
60. 水泥熟料矿物组成与其性能有何关系？ …… 37
61. 为什么在生产水泥时既要掺入石膏，又要限制水泥中三氧化硫含量？ …… 39
62. 通用硅酸盐水泥有哪些技术要求？为何对水泥中氯含量等要作出限制？ …… 39
63. 《通用硅酸盐水泥》标准取消了普通水泥中32.5和32.5R强度等级有何意义？ …… 43
64. 水泥是否越细越好？ …… 43
65. 引起水泥安定性不良的原因有哪些？如何检测？ …… 43
66. 某些安定性不合格的水泥，在存放一段时间后变为合格，为什么？ …… 44
67. 测定水泥凝结时间和安定性前为何必须作水泥标准稠度用水量？ …… 45
68. 什么是水泥的假凝现象？水泥假凝与快凝有何不同？ …… 45
69. 某水泥游离氧化钙含量较高且快凝，放置1个月后凝结时间正常而强度下降，何故？ …… 45
70. 水泥的强度可否进行快速检测？如何进行水泥强度的快速检验？ …… 46
71. 影响硅酸盐水泥水化热的因素有哪些？水化热的大小对水泥的应用有何影响？ …… 46
72. 硬化的水泥石中，水泥熟料颗粒是否完全水化？ …… 47
73. 如何提高硅酸盐水泥石的防腐蚀性能？ …… 47
74. 为什么流动的软水对水泥石有腐蚀作用？ …… 48
75. 几种通用硅酸盐水泥的特性和适用范围有何异同？ …… 49
76. 采用蒸汽养护的混凝土预制构件宜选用何种水泥？ …… 49
77. 处于干燥环境的混凝土楼板、梁、柱宜选用何种水泥？ …… 50
78. 高温设备或高炉的混凝土基础宜选用何种水泥？ …… 50
79. 为何矿渣水泥、火山灰水泥的耐腐蚀性优于硅酸盐水泥？ …… 50
80. 为何粉煤灰水泥的干缩性小于火山灰水泥？ …… 50
81. 新出厂的水泥能否立刻使用？ …… 51
82. 水泥过期、受潮后如何处理？ …… 51

83. 如何控制施工中进场水泥的质量? ·················· 52
84. 铝酸盐水泥制品为何不宜蒸养? ·················· 52
85. 道路硅酸盐水泥的矿物组成和性能有何特点? ········ 53
86. 水泥的膨胀与自应力有何差别?
    其膨胀作用的来源是什么? ······················ 53
87. 某工地需使用膨胀水泥,但刚好缺此产品,
    请问可以采用哪些方法予以解决? ················ 54
88. 四种白色粉末为生石灰粉、石灰石粉、建筑
    石膏和白水泥,其标签已脱落,如何辨认? ········ 54

第四章　混凝土与砂浆

89. 什么是混凝土? 高性能混凝土就是高强混凝土吗? ···· 55
90. 普通混凝土各组成材料在混凝土硬化前后起哪些作用? ·· 56
91. 普通混凝土中的水泥是如何选用的? 为什么配制混凝土的
    水泥强度不宜过高或过低? ······················ 56
92. 水泥混凝土道路表面较易磨损且较多裂纹
    与普通水泥的熟料矿物有何关联? ················ 56
93. 为何有的斜拉索内上段水泥浆体会长期不凝结硬化? ···· 57
94. 集料的主要技术性质有哪些?
    它们是如何影响混凝土性能的? ·················· 61
95. 为何海工混凝土使用的集料尤其需要
    作碱集料反应活性试验? ························ 61
96. 为何要限制集料中的含泥量和有关的有害物质?
    它们对混凝土的性能有何影响? ·················· 64
97. 粗集料的强度如何表示? ························ 65
98. 为什么砂石堆要远离石灰堆? ···················· 65
99. 什么是集料的坚固性? 采用什么方法进行试验? ······ 65
100. 集料的含水状态如何划分? 划分集料的含水
    状态在工程中有何意义? ························ 66
101. 骨料颗粒级配良好的标准是什么? ················ 66
102. 为什么在工程中对粗集料较多采用连续级配,
    而较少采用间断级配? ·························· 67
103. 如何划分粗砂、中砂和细砂? ···················· 67

104. 粗集料的形状和表面特征对水泥
    混凝土性能会有何影响? ………………………………… 68
105. 为何拌制轻质混凝土要加大用水量? ………………… 68
106. 混凝土企业设备洗刷水和海水可否用于拌制混凝土? ……… 69
107. 什么是混凝土外加剂? 外加剂常用的掺法有哪些? ………… 70
108. 什么是减水剂的减水机理? 常用的减水剂各有何特点? ……… 71
109. 为何使用木质素磺酸盐减水剂和以硬石膏
    配制的水泥会出现急凝? ………………………………… 74
110. 为何有的水泥混凝土路面浇筑完后表面未
    及时覆盖, 其表面会出现微细裂纹? …………………… 74
111. 有人把木质素磺酸钠直接加入已配好的混凝土,
    此后混凝土表面硬但内部软, 何故? ………………… 75
112. 当原材料不变, 现场试验确定的混凝土
    配合比是否可一直使用? ………………………………… 75
113. 如何从减水剂相容性的角度选择水泥?
    为何一些立窑水泥与减水剂相容性较差? ……………… 76
114. 引气剂的作用机理是什么? 掺引气剂后
    如何保证混凝土强度? …………………………………… 77
115. 室内使用功能的混凝土用防冻剂时应注意哪些问题? ……… 78
116. 混凝土使用膨胀剂需注意什么问题? …………………… 79
117. 粉煤灰在混凝土中可产生哪些效应? …………………… 79
118. 为何不同的粉煤灰对混凝土性能有明显差别?
    分选与磨细粉煤灰性能有何差别? ……………………… 80
119. 石英砂磨细后可否作为混凝土的硅粉使用? …………… 86
120. 沸石粉用作混凝土掺合料有什么作用?
    用于配制何种混凝土? …………………………………… 86
121. 粒化高炉矿渣粉有哪些技术要求? 如何应用? ………… 87
122. 混凝土拌合物和易性的含义是什么?
    主要影响因素有哪些? …………………………………… 88
123. 什么是混凝土的二次搅拌? 何时需要二次搅拌? ……… 90
124. 可泵性好的混凝土应具备哪些条件? …………………… 91
125. 泵送混凝土泵送后坍落度会变化吗? 为什么? ………… 91
126. 砂率的大小对混凝土的和易性有何影响?

影响混凝土合理砂率大小有哪些因素？ …… 91
127. 为何泵送混凝土可适当增大砂率，当调整砂率其坍落度仍偏小时如何解决？ …… 92
128. 某混凝土搅拌站所用砂的细度模数变小，如何调整混凝土配合比？ …… 93
129. 当水泥浆用量一定，为什么砂率过小和过大都会使混凝土拌合物的流动性变差？ …… 93
130. 增加水泥浆量后混凝土的和易性是否就越好？可否单纯加水来提高其流动性？ …… 93
131. 集料含水量波动大对混凝土质量有何影响？ …… 94
132. 某混凝土搅拌站的针片状碎石增多，混凝土坍落度明显下降，如何解决？ …… 94
133. 为何有的水泥混凝土表面会出现"起粉"现象？ …… 94
134. 哪些因素会影响新拌混凝土的凝结时间？如何测定新拌混凝土的凝结时间？ …… 95
135. 为何有的水泥混凝土路面在铺筑不久后就出现"脱皮"现象？ …… 96
136. 影响混凝土强度的主要因素有哪些？ …… 96
137. 为什么当采用同一种水泥时，混凝土的强度主要决定于水灰比？ …… 98
138. 养护环境的温度和湿度对混凝土强度有何影响？在施工中如何养护？ …… 100
139. 什么是混凝土材料的标准养护、自然养护、蒸汽养护、压蒸养护以及同条件养护？ …… 100
140. 混凝土采用非标准尺寸试件测定抗压强度时，为何需要折算？ …… 101
141. 混凝土的受压变形破坏的过程有何特征？ …… 102
142. 什么是混凝土的化学收缩？化学收缩可以恢复吗？ …… 102
143. 混凝土产生湿胀干缩的原因有哪些？混凝土的干燥收缩应如何控制与防治？ …… 103
144. 什么是混凝土自身收缩？ …… 104
145. 为什么大体积混凝土易产生温度变化引起的裂缝？如何防治？ …… 104

146. 为何一些楼房在横梁对应的位置会有较浅的裂缝？
 如何解决？ …………………………………………… 105
147. 为何使用早期强度高的水泥更要注意避免
 非荷载裂缝？ …………………………………………… 105
148. 冬期零下气温下施工，为何尤须注意
 控制混凝土的水灰比？ ………………………………… 106
149. 使用 NaCl 化冰，对道路混凝土有不利影响吗？ …… 106
150. 什么是混凝土的徐变？影响混凝土徐变
 变形主要有哪些因素？ ………………………………… 107
151. 什么是混凝土的耐久性？提高混凝土耐
 久性的措施有哪些？ …………………………………… 108
152. 混凝土的抗渗性主要与哪些因素有关？ …………… 108
153. 什么是混凝土的碳化？碳化作用对混凝土
 有害还是有利？为什么？ ……………………………… 109
154. 什么是碱-集料反应？如何预防碱-集料反应？ …… 110
155. 混凝土的质量控制观察包括哪些过程？ …………… 110
156. 混凝土配合比的表示方法有哪些？ ………………… 111
157. 普通混凝土配合比设计的主要参数有哪些？ ……… 111
158. 混凝土配合比的计算步骤有哪些？ ………………… 111
159. 如何计算配制强度？为什么规定配制强度
 要大于混凝土的强度设计等级？ ……………………… 112
160. 为什么要对计算得到的混凝土配合比进行
 试配、调整与确定？如何进行？ ……………………… 113
161. 什么是施工配合比？如何确定？ …………………… 115
162. 什么是高强混凝土？其原材料要求及配合比
 设计与普通混凝土有何差别？ ………………………… 115
163. 如何配制抗渗混凝土？ ……………………………… 116
164. 纤维混凝土有何特点？ ……………………………… 117
165. 不同种类聚合物混凝土有何特点？ ………………… 118
166. 泵送混凝土与普通混凝土的配合比设计有何差别？ … 119
167. 路面水泥混凝土混合料配合比设计及材料有何特点？ … 119
168. 建筑砂浆常用的胶结材料有哪些？如何选择？ …… 119
169. 什么是砂浆掺加料？有哪些品种的砂浆掺加料？ …… 120

170. 配制砂浆时，为什么除水泥外常常还要加入
 一定量的其他胶凝材料？ ……………………………………… 121
171. 什么是砂浆拌合物的和易性？它包括哪两
 方面的内容？ …………………………………………………… 121
172. 如何选择砂浆稠度？ …………………………………………… 122
173. 如何测定砂浆的分层度？如何改善砂浆的保水性？ ……… 122
174. 设计砌筑砂浆的配合比应满足哪些基本要求？ …………… 123
175. 砂浆的抗压强度与强度等级的关系如何？
 影响砂浆强度的因素有哪些？ ………………………………… 123
176. 影响砂浆的粘结强度的因素有哪些？ ……………………… 124
177. 砌筑砂浆如何进行配合比试配、调整与确定？ …………… 124
178. 抹面砂浆与砌筑砂浆相比有哪些特点？ …………………… 125
179. 以硫铁矿渣代替建筑用砂来配制砌筑砂浆，
 一年后出现严重裂缝，何故？ ………………………………… 125
180. 正在研发的自愈合混凝土有何特点？ ……………………… 126

第五章 砌体材料

181. 什么是砌体材料？什么是新型墙体材料？
 发展新型墙体材料就是取代实心黏土砖吗？ ………………… 127
182. 如何识别过火砖和欠火砖？未烧透的欠
 火砖为何不宜用于地下？ ……………………………………… 127
183. 什么是烧结普通砖的泛霜和石灰爆裂？
 它们对建筑物有何影响？ ……………………………………… 128
184. 蒸压灰砂砖有何特点？应用时有哪些注意事项？ ………… 128
185. 烧结空心砖与烧结多孔砖有何异同？ ……………………… 129
186. 影响烧结空心砖的热工性能有哪些因素？ ………………… 130
187. 为何某些砖混结构房子浸水后会倒塌？ …………………… 130
188. 为何用出釜几天的灰砂砖砌筑墙体易出现裂缝？ ………… 131
189. 蒸压加气混凝土砌块的特性有哪些？应用情况如何？ …… 131
190. 建筑物的哪些部位不应使用加气混凝土
 砌块砌筑墙体？ ………………………………………………… 133
191. 孔隙率高的砌体材料是否抗渗性就差？ …………………… 133
192. 在加气混凝土砌块砌筑的墙上浇一次水后马上抹

普通砂浆，为何易出现干裂或空鼓？ …………………… 133
193. 为何有的砖混结构的平屋面住宅在顶层
墙体会出现正八字裂缝？ …………………………… 134
194. 常用的墙体用板材有哪些特点？ ………………… 134
195. 砌筑石材是如何分类的？ ………………………… 135
196. 不同种类的岩石如何根据其特点予以应用？ …… 135
197. 是否所有石材都适用于地下基础？ ……………… 137
198. 选用天然石材的原则是什么？为什么一般
大理石板材不宜用于室外？ ………………………… 137
199. 花岗石包括哪些岩石？使用时应注意什么问题？ …… 138

第六章　沥青和沥青混合料

200. 沥青的组成对其性能有何影响？ ………………… 139
201. 石油沥青的胶体结构对其性能有何影响？ ……… 140
202. 如何评价石油沥青的主要技术性质？ …………… 141
203. 什么是石油沥青的溶解度、闪点和燃点？ ……… 143
204. 为什么石油沥青使用若干年后会逐渐
变得脆硬，甚至开裂？ ……………………………… 143
205. 土木工程中如何选用建筑石油沥青？ …………… 144
206. 怎样划分石油沥青的牌号？牌号大小与石油沥青
主要技术性质之间有何关系？ ……………………… 144
207. 煤沥青与石油沥青的性能与应用有何差别？ …… 145
208. 如何鉴别石油沥青和煤沥青？ …………………… 145
209. 为什么石油沥青与煤沥青不能随意混合？ ……… 146
210. 不同的改性石油沥青各有何特点？ ……………… 146
211. 乳化沥青与冷底子油的性能与使用有何差别？ … 147
212. 某施工队较长时间加热和保温石油沥青，
施工后发现沥青的塑性明显下降，何故？ ………… 148
213. 用煤油和含蜡较高的沥青配制的液体
石油沥青为何其粘结性较差？ ……………………… 148
214. 沥青如何再生？ …………………………………… 149
215. 沥青混合料是怎样分类的？各有何特点？ ……… 149
216. 路面各层的沥青是否要采用相同的标号？ ……… 151

217. 筛选砾石和钢渣可用于公路的沥青面层用粗集料吗？ …… 152
218. 用针片状含量较高的粗集料配沥青混凝土，
    为何其强度和抗渗能力较差？ …… 152
219. 沥青混合料用细集料有哪些质量要求？ …… 153
220. 什么是矿粉的亲水系数？应用中需要注意哪些问题？ 154
221. 影响沥青混合料强度的因素有哪些？ …… 155
222. 影响沥青混合料的高温稳定性的主要因素有哪些？ 155
223. 什么是沥青混合料的低温抗裂性？
    什么是沥青混合料的低温脆化？ …… 156
224. 影响沥青混合料耐久性的主要因素有哪些？ …… 156
225. 影响沥青混合料抗滑性的因素有哪些？ …… 157
226. 影响沥青混合料施工和易性的主要因素有哪些？ …… 157
227. 沥青混合料的生产配合比设计阶段与生产
    配合比验证阶段是如何进行的？ …… 158
228. 沥青混凝土路面表面处治用层铺法施工，
    铺洒沥青不均匀对性能会有何不利影响？ …… 158
229. 为什么多雨、地下水较多地段的沥青混凝土
    路面往往更易损坏？如何防治？ …… 159

第七章　合成高分子材料

230. 与传统建筑材料相比较，合成高分子
    材料有哪些优缺点？ …… 161
231. 什么是高分子化合物？不同类型的聚合物有何特点？ …… 162
232. 塑料的主要组成有哪些？其作用如何？ …… 163
233. 塑料为何会老化？ …… 163
234. 塑料有毒性吗？ …… 164
235. 热塑性塑料与热固性塑料的性质与应用有什么不同？ …… 164
236. 工程上为何广泛以塑料管代替镀锌管
    作为给水和排水管材？ …… 165
237. 某企业生产的硬聚氯乙烯下水管在南方
    使用很好，但在北方使用常破裂，何故？ …… 165
238. 为何不宜使用Ⅰ型和Ⅱ型硬质聚氯
    乙烯（UPVC）塑料管作热水管？ …… 166

239. 聚乙烯（PE）塑料管有哪些特点？如何使用？ ……………… 166
240. PP-R 塑料管为何具有比 PP 塑料管更宽的温度适用范围？ ……………………………… 167
241. 某住宅用 I 型硬质聚氯乙烯（UPVC）塑料管作热水管，此后管道变形漏水，何故？ ……… 168
242. 应用塑料地板为何必须注意消防安全？ ……………… 168
243. 塑料门窗与其他门窗相比有何特点？高风压地区的高层建筑选用塑料窗合适否？ …………… 169
244. 什么是胶粘剂？土木工程材料所用的胶粘剂应具备哪些基本条件？ …………………… 170
245. 在粘结结构材料或修补混凝土时，一般宜选用哪类树脂胶粘剂？ ………………………… 171
246. 白乳胶粘结木制家具耐久性相当好，但用其粘结街道招牌时间长会脱落，何故？ ………… 172
247. 某工程采购的单组分硅胶密封胶半年后发现该胶粘剂已无法使用，何故？ ……………… 172
248. 使用瓷砖胶粘剂后为何瓷砖还会出现空鼓或粘结力下降？ …………………………… 172
249. 聚合物材料在土木工程上会有哪些新的应用？ ……… 173

第八章 木 材

250. 如何根据需要选用木材？ ……………………………… 174
251. 名贵树种的实木地板是否材质就好？ ………………… 174
252. 五大木制地板各有何优缺点，如何选用？ …………… 174
253. 什么是木材的含水率？什么是木材的平衡含水率？ … 175
254. 木材的湿胀干缩有何规律？对木材的应用有哪些影响？ ……………………………………… 176
255. 有的木地板使用一段时间后出现接缝不严，但亦有一些木地板出现起拱。何故？ ………… 177
256. 某客厅采用白松实木地板装修，使用一段时间后多处磨损，为什么？ ……………………… 177
257. 木材的强度有哪几种？它们之间大小的关系如何？ ……………………………… 177

258. 如何合理选购强化木地板？ …… 178
259. 什么是拼花木地板？ …… 179
260. 胶合板与刨花板在性能和使用方面有何不同？ …… 180
261. 某工地使用脲醛树脂作胶粘剂的胶合板作混凝土模板，其使用寿命短。何故？ …… 180
262. 木材的防火处理有哪些办法？ …… 181
263. 为何木材是"湿千年，干千年，干干湿湿二三年"？ …… 181
264. 为何铺木地板完工后不宜长时间关闭门窗？ …… 182
265. 现代木结构住宅有何优点？ …… 182

第九章 建筑功能材料

266. 什么是建筑功能材料？目前常用的建筑功能材料有哪些？ …… 183
267. 建筑防水材料与堵水材料有何差别？ …… 183
268. 防水卷材有何特点？如何选用？ …… 183
269. 如何预防屋面卷材鼓泡渗漏？ …… 186
270. 为何有的橡塑共混卷材使用一段时间后会出现裂缝及漏水？ …… 186
271. 防水涂料有何特点？ …… 187
272. 沥青基防水涂料与改性沥青类防水涂料的性能和应用有何差别？ …… 187
273. 合成高分子类防水涂料有何特点？常用品种有哪些？ …… 188
274. 如何在潮湿水下条件修补渗漏混凝土？ …… 189
275. 某基础下陷不均而开裂的地下室采用刚性防水材料效果不佳，何故？ …… 189
276. 什么是建筑密封材料？常用的建筑密封材料各有何特点？ …… 189
277. 铝合金门窗的玻璃密封选用哪一种密封材料较合适？ …… 191
278. 建筑堵水材料是如何分类的？ …… 191
279. 保温材料就等同于隔热材料吗？影响材料导热系数有哪些因素？ …… 193
280. 常用的绝热材料各有何特点？如何使用？ …… 194
281. 某冰库采用水玻璃胶结膨胀蛭石隔热材料，

使用一段时间后隔热效果变差，何故？·················· 196
282. 建筑上常用的吸声材料及其吸声结构各有何特点？
如何选用吸声材料？································· 197
283. 某艺术中心后排观众为何听不到大提琴声？·········· 200
284. 泡沫玻璃能否用作吸声材料？························ 200
285. 什么是隔声材料？多孔砌块的孔
能起到增强隔声的作用吗？·························· 200
286. 建筑装饰材料的基本要求是什么？·················· 201
287. 我国对胶合板等装饰材料的有害
物质限量的规定有哪些？···························· 202
288. 用于室外和室内的建筑装饰材料主要
功能有哪些差异？··································· 203
289. 夏热冬暖地区宜选用双层平板玻璃
还是低辐射中空玻璃？······························· 203
290. 一般钾玻璃或钠玻璃在水蒸气的作用下为何会发霉？··· 204
291. 玻璃能耐热防火吗？································ 204
292. 建筑陶瓷如何按照产地分类和使用？················ 204
293. 釉面砖为什么一般适用于室内，而不宜用于室外？······ 206
294. 某厨房炉灶附近的内墙釉面砖一年后
表面为何出现较多裂缝？···························· 206
295. 建筑涂料是如何分类的？有机涂料与无机
涂料各有何特点？··································· 206
296. 如何选用外墙乳胶漆与油性涂料？·················· 207
297. 有一涂料开罐可见上层液体较浑且带颜色，
漂浮物较多。这种涂料质量好吗？···················· 207
298. 某住宅冬季在新抹的水泥砂浆内墙上涂乳胶漆，
后出现较多裂纹及掉粉，何故？······················ 208
299. 某地下室混凝土挡墙直接涂刷的涂料半年后
局部析白，进而局部脱落。如何防治？················ 209
300. 某客厅以壁纸装修 2 年后，长期光照与
背光的壁纸变得深浅不一，何故？···················· 209
301. 建筑功能材料的主要发展方向是怎样的？············ 209
参考文献 ··· 212

第一章　土木工程材料概述

1. 什么是土木工程材料？为何初学者或资深的土木工程技术人员都需要在这方面不断学习？

土木工程材料可分为狭义土木工程材料和广义土木工程材料。狭义土木工程材料是指直接构成土木工程实体的材料。本书所介绍的土木工程材料是指狭义土木工程材料。广义土木工程材料是指用于建筑工程中的所有材料。包括三个部分：一是构成建筑物、构筑物实体的材料，如石灰、水泥、混凝土、钢材、防水材料、墙体与屋面材料、装饰材料等；二是施工过程中所需要的辅助材料，如脚手架、模板等；三是各种建筑器材，如消防设备、给水排水设备等。

土木工程材料种类繁多，既有传统材料，也有新材料。土木工程材料近年发展迅速，同时又涌现新的问题。如近年较多的水泥混凝土出现开裂，大部分是非荷载裂缝。这与近年水泥品质的变化、水泥的选用、混凝土配合比及施工等有关。所以，不管是初学者，还是资深的土木工程技术人员都需要不断学习和了解土木工程材料。

2. 我国的万里长城用了哪些土木工程材料？

我国的万里长城以磅礴的气势飞越丛山峻岭，是我国古代劳动人民的杰作，也是建筑史上的丰碑。万里长城选用材料因地制宜，堪称典范。

居庸关、八达岭一段，采用砖石结构。墙身用条石砌筑，中间填充碎石黄土，顶部再用三四层砖铺砌，以石灰作砖缝材料，坚固耐用。平原和黄土地区缺乏石料，则用泥土垒筑长城，将泥土夯打结实，并以锥刺夯打土检查是否合格。而在西北玉门关一带，既无石料又无黄土，以当地芦苇或柳条与砂石间隔铺筑，共铺了20层。

万里长城因地制宜使用建筑材料，展现了我国劳动人民的勤劳、智慧和惊人的创造力。

3. 什么是新型建筑材料？

新型建筑材料是在传统建筑材料的基础上产生的新一代建筑材料。传统建筑材料主要有七大类：砖瓦等烧土制品，砂石，灰（包括石灰、石膏、菱苦土、水泥），混凝土，钢材，木材以及沥青。新型建筑材料主要包括新型墙体材料、保温隔热材料、防水密封材料和装饰装修材料等。

"新型建筑材料"的对应英语说法为 New Building Material。在国外是泛指新的建筑材料，而在我国属于一个专业名词。新型建筑材料实际就是新品种的建筑材料，既包括新出现的原料及制品，也包括原有材料的新制品。

新型建筑材料是指最近发展的有特殊功能和效用的建筑材料，它具有传统建筑材料无法比拟和更加优异的功能。一般来说，具有轻质高强和多功能的建筑材料均属新型建筑材料。即使是传统建筑材料，为满足某种建筑功能需要而再组合或复合所制成的材料，也属新型建筑材料。新型建筑材料一般在建筑工程实践中已有成功应用并且代表建筑材料发展的方向。

4. 土木工程材料为什么许多为复合材料？

单一材料往往是某项性能或某几项性能较好，而多数单一材料所具有的性能一般难以满足现代建筑对材料的强度、保温性能、耐久性、装饰性、吸声与隔声、防火、防水等综合性能，以及经济性的越来越高的要求。复合材料由两种或两种以上材料组成，复合材料的性能是其组成材料所不具备的。复合材料可以有非同寻常的刚度、强度、高温性能和耐蚀性。按基本材料分类，它可分为金属基复合材料、陶瓷基复合材料和聚合物基复合材料等。复合材料集多种组成材料的长处于一身，相互取长补短，使其同时具备有多种优良性能，如：质轻，高强，韧性好，而且较经济。

5. 什么是绿色建材？是否利用废弃物生产的建材都属绿色建材？

1988年第一届国际材料科学研究会上，首次提出了"绿色材料"的概念，绿色已成为人类环保愿望的标志。"绿色建材"也成为了一个发展趋势。

绿色建材又称生态建材或健康建材，是指采用清洁生产技术，少用天然资源和能源，大量使用工农业或城市固态废弃物生产的无毒害、无污染、无放射性、有利于环保和人体健康的建筑材料。它与传统建材相比可归纳出以下五个基本性质：

（1）其生产所用原料尽可能少用天然资源，大量使用尾矿、废渣、垃圾、废液等废弃物。

（2）采用低能耗制造工艺和不污染环境的生产技术。

（3）在配制或生产过程中不得使用甲醛、卤化物溶剂或芳香族碳氢化合物；产品中不得含有汞及其化合物；不得用铅、镉、铬及其他化合物作为颜料及添加剂。

（4）产品的设计是以改善生活环境、提高生活质量为宗旨，即产品不仅不损害人体健康，而且应有益于人体健康。产品一般具有多功能性，如抗菌、灭菌、防霉、除臭、隔热、防火、调温、消声、消磁、防射线、抗静电等。

（5）产品可循环或回收再生利用，无污染环境的废弃物。

不能把利用废弃物生产的建材都称为绿色建材。在生产中或使用中污染环境的均不属绿色建材。如某废渣砖放射性超标污染环境，就不属绿色建材。

6. 选用建筑材料应如何考虑其放射性核素限量？

在自然界中，凡原子核不稳定、能自发地放出射线并能衰变成其他元素原子核的元素,称之为放射性元素,即放射性核素。氡是放射性元素铀、钍等衰变链的一个产物,是天然放射性铀系中的一种放射性惰性气体。当人吸入氡的短寿命子体后,氡子体不断沉积在呼吸道表面并在局部区域内不断积累。因此,吸入含氡气体对呼吸系统造成的辐射危害主要来自氡子体。据估计,美国每年约有2.2万人因吸入氡及其短寿命子体得肺癌;我国每年约有55万人因同样的原因而得肺癌;香港地区每年因氡致癌约占肺癌患者的30%。氡被世界卫生组织列为使人致癌的19种最重要物质之一。

建筑材料中的放射性核素主要来源有两个方面:一是原料本身含有天然放射性核素;二是加工过程导致放射性核素富集。为此,现行国家标准《建筑材料放射性核素限量》(GB 6566—2001)对建筑主体材料和装修材料提出了相关要求。

(1) 建筑主体材料

建筑主体材料是用于建造建筑主体工程所用的建筑材料。包括:水泥与水泥制品、砖、瓦、混凝土、混凝土预制构件、砌块、墙体保温材料、工业废渣、掺工业废渣的建筑材料及各种新型墙体材料等。

当建筑主体材料中天然放射性核素镭—226、钍—232、钾—40的放射性比活度同时满足$I_{Ra} \leq 1.0$和$I_\gamma \leq 1.0$时,其产销与使用范围不受限制。

对于空心率大于25%的建筑主体材料中天然放射性核素镭—226、钍—232、钾—40的放射性比活度同时满足$I_{Ra} \leq 1.0$和$I_\gamma \leq 1.3$时,其产销与使用范围不受限制。

(2) 装修材料

装修材料是指用于建筑物室内、外饰面用的建筑材料。包括:花岗石、建筑陶瓷、石膏制品、吊顶材料、粉刷材料及其他新型饰面材料等。根据装修材料放射性水平大小分为三类:

① A类装修材料。

装修材料中天然放射性核素镭—226、钍—232、钾—40的放射性比活度同时满足 $I_{Ra} \leq 1.0$ 和 $I_\gamma \leq 1.3$ 要求的为 A 类装修材料。A 类装修材料产销与使用范围不受限制。

② B 类装修材料。

不满足 A 类装修材料要求，但同时满足 $I_{Ra} \leq 1.3$ 和 $I_\gamma \leq 1.9$ 要求的为 B 类装修材料。B 类装修材料不可用于 I 类民用建筑的内饰面，但可用于 I 类民用建筑的外饰面及其他一切建筑物的内、外饰面。

③ C 类装修材料。

不满足 A、B 类装修材料要求，但满足 $I_\gamma \leq 2.8$ 要求的为 C 类装修材料。C 类装修材料只可用于建筑物的外饰面及室外其他用途。

④ $I_\gamma > 2.8$ 的花岗石只可用于碑石、海堤、桥墩等人类很少涉及的地方。

7. 排水法测定含大量开口孔隙的材料的体积密度时，为何材料表面必须涂蜡？

材料的密度、表观密度、体积密度和堆积密度都是指材料单位体积的质量，只是四者计算时所用的体积概念和质量概念各不相同。密度计算所用体积 V 是指材料在绝对密实状态下的体积。密度对某一特定的材料而言是定值，是恒定不变的。表观密度计算所用体积 V_0 是材料在包含闭口孔隙条件下的体积。堆积密度是针对有堆积的颗粒状材料（含粉体）的，计算所用体积 V_1 是堆积体积，含物质颗粒固体及其闭口、开口孔隙体积及颗粒间空隙体积。

体积密度是指材料在自然状态下单位体积（包括材料实体及其开口孔隙、闭口孔隙）的质量，俗称容重。若直接将含大量开口孔隙的材料放入水中，部分水进入材料的开口孔隙中，故所测得的体积已不是材料在自然状态下的体积（包括材料实体及其开口孔隙、闭口孔隙）。正确的做法是将材料表面涂蜡，或者将其密封，然后方能用排水法测定其自然状态下的体积。

8. 材料的空隙和孔隙有何差别？它们对土木工程材料的性能有何影响？

孔隙是材料内部的，由于多余水分蒸发、发泡、火山喷发及焙烧产生气体膨胀等作用形成的充满气体的结构，材料中的孔隙可根据是否与外界连通分为连通孔（开口孔）与封闭孔（闭口孔）两种，孔隙率的大小和孔隙的种类与分布直接影响材料的许多性质；空隙是由于散粒材料的堆积作用而形成的，在粒状颗粒的外部，也称间隙。

材料中孔隙的多少用孔隙率来表征。孔隙率的大小是由材料本身决定的，在材料形成时已经定下来了，不可改变；材料的空隙率是散粒材料由于堆积而形成的，随着堆积的情况而改变，有松散堆积状态和紧密堆积状态，计算时要注明堆积状态。

材料的孔隙率是指材料中的孔隙体积占材料自然状态下总体积的百分率，以 P 表示。孔隙率按下式计算：

$$P = \frac{V' - V}{V'} \times 100\% = \left(1 - \frac{\rho'}{\rho}\right) \times 100\%$$

孔隙率的大小直接反映了材料的致密程度。材料的许多性质，如强度、热工性质、声学性质、吸水性、抗渗性、抗冻性等都与孔隙率有关。一般来说，对同一种土木工程材料，孔隙率越大，强度越低，绝热效果越好。但一些性质不仅与材料的孔隙率大小有关，而且与材料的孔隙特征有关，例如相同孔隙率的同一种土木工程材料，由于连通孔与封闭孔的差别很大，连通孔多则抗渗性较差。

材料空隙率是指散粒状材料在堆积体积状态下颗粒固体物质间空隙体积（开口孔隙与间隙之和）占堆积体积的百分率，以符号 P' 表示。空隙率可按下式计算：

$$P' = \frac{V_1 - V_0}{V_1} \times 100\% = \left(1 - \frac{\rho_1}{\rho_0}\right) \times 100\%$$

空隙率的大小反映了散粒材料的颗粒互相填充的致密程度。

当计算混凝土中粗骨料的空隙率时，由于混凝土拌合物中的水泥浆能进入石子的开口孔内，开口孔体积也算空隙体积的一部分，因此这时应按石颗粒的体积密度 ρ_0 来计算。

9. 含水率与吸水率有何差别？为何加气混凝土砌块一次浇水不少，但实际上吸水不多？

含水率指材料所含水分。含水率与环境的关系密切，随着空气的温度和相对湿度的变化而变化。另外还与材料的亲水性、孔隙率和孔隙特征有密切关系。对同一种材料而言，材料的含水率不是定值。材料在空气中吸水的过程是一个动态的过程，材料吸收的水分与空气的相对湿度达到动态平衡状态的含水率，称为材料的平衡含水率。所以，我们在计算含水率时应注明当时的环境状态。

材料在水中吸水的过程是一个动态的过程，材料在水中吸收水分达到吸水饱和状态时，所吸收水分的质量（体积）占干燥材料质量（体积）的百分数，称为材料吸水率。材料的吸水率与外界环境无关，对同一种材料而言，吸水率为定值。材料吸水率的大小主要取决于材料的孔隙率及孔隙特征。具有细微而连通孔隙且孔隙率大的材料吸水率较大；具有粗大孔隙的材料，虽然水分容易渗入，但仅能润湿孔壁表面而不易在孔内存留，因而其吸水率不高；密实材料以及仅有封闭孔隙的材料是不吸水的。

加气混凝土砌块虽然多孔，但其气孔大多数为"墨水瓶"结构，肚大口小，毛细管作用差，只有少数孔是水分蒸发形成的毛细孔。因此，其吸水及导湿均缓慢，造成施工时浇水不少，实际吸水不多的情况。

10. 有的以红砖建的房屋被水泡后会倒塌，应如何选用受潮或被水浸泡部位的结构材料？

这些倒塌的房屋所用的红砖没有烧透，红砖内开口孔隙率大，吸水率高。吸水后，红砖强度下降，特别是当有水进入砖内时，未烧透的黏土遇水分散，强度的下降幅度更大，不能承受房屋的重量，从而导致房屋倒塌。

材料的耐水性用软化系数 K_R 表示，按下式计算：

$$K_R = \frac{f_b}{f_g}$$

式中　f_b——材料在饱和吸水状态下的抗压强度，MPa；

　　　f_g——材料在干燥状态下的抗压强度，MPa。

软化系数 K_R 值的大小表明材料浸水后强度降低的程度。一般来说，材料在水的作用下，会减弱其内部结合力，从而导致强度下降。因此，在某些工程中，软化系数 K_R 值的大小成为选择材料的重要依据。一般次要结构或受潮较轻的结构所用材料的 K_R 值应在 0.75～0.85 之间；而受水浸泡或处于潮湿环境的重要结构物的材料，其软化系数 K_R 值应在 0.85～0.90 之间；特殊情况下，K_R 值应当更高。受水浸泡或长期处于潮湿环境的重要建筑物或构筑物所用材料的软化系数不应低于 0.85。

倒塌房屋所用红砖的抗压强度为 14MPa，浸水饱和后的抗压强度为 11MPa，其软化系数为：

$$K_R = \frac{f_b}{f_g} = 11/14 = 0.79 < 0.85$$

可见，该倒塌房屋所用红砖的软化系数小于 0.85，是不能够作为潮湿环境或被水泡的结构材料的。

11. 材料的孔隙率越大，其抗冻性是否越差？

材料的抗冻性是指材料在吸水饱和状态下，能经受多次冻结和融化作用（冻融循环）而不破坏、强度又不显著降低的性质。材料的抗冻性用抗冻等级来表示。

材料的抗冻性与其强度、孔隙率大小及特征、含水率等因素有关。材料强度越高，抗冻性越好；孔隙对抗冻性的影响与其对抗渗性的影响相似。当材料吸水后孔隙还有一定的空间，含水未达到饱和时，可缓解冰冻的破坏作用。

材料的孔隙包括开口孔隙和闭口孔隙两种，材料的孔隙率是开口孔隙率和闭口孔隙率之和。材料受冻融破坏主要是因其孔隙中的水结冰所致。进入孔隙的水越多，材料的抗冻性越差，而水较难进入材料的闭口孔隙中。若材料的孔隙主要是闭口孔隙，即使材料的孔隙率大，进入材料内部的水分也不会很多。在这样的情况下，材料的抗冻性不会变差。

12. 如何区分材料的亲水性与憎水性？它们在土木工程中有什么实际意义？

当水与材料接触时，在材料、水和空气三相交点处，沿水表面的切线与水和固体接触面所成的夹角 θ 称为润湿角。θ 越小，浸润性越好。当润湿角 $\theta \leqslant 90°$ 时，水分子之间的内聚力小于水分子与材料分子间的相互吸引力，这种性质称为材料的亲水性。具有这种性质的材料称为亲水性材料；当润湿角 $\theta > 90°$ 时，水分子之间的内聚力大于水分子与材料分子间的吸引力，则材料表面不会被水浸润，这种性质称为材料的憎水性。具有这种性质的材料称为憎水性材料。

材料的亲水性和憎水性在工程应用中具有实际的意义，大多数土木工程材料如石材、混凝土等都属于亲水性材料，容易吸水或吸湿；而憎水性材料具有较好的防水性、防潮性，常用作防水材料。大部分有机材料属于憎水性材料，如沥青、石蜡、树脂、塑料等。

13. 为什么新建房屋的墙体保温性能较差？尤其在冬季？

材料的导热系数越小，表示其保温绝热性能越好。工程中通常把导热系数 $\lambda < 0.23 \text{W}/(\text{m} \cdot \text{K})$ 的材料称为绝热材料。影响导热系数的因素主要是化学组成、显微结构、孔隙率、孔隙特征、含水率、传热时材料的温度。材料含水或含冰时，会使导热系数

急剧增加。

干燥墙体由于其孔隙被空气所填充,而空气的导热系数很小,只有 $0.023W/(m·K)$,因而干燥墙体具有良好的保暖性能。而新建房屋的墙体由于未完全干燥,其内部孔隙中含有较多的水分,而水的导热系数为 $0.58W/(m·K)$,是空气导热系数的近 25 倍,因而传热速度较快,保温性较差。尤其在冬季,一旦湿墙中孔隙水结冰后,导热能力更加提高,冰的导热系数为 $2.3W/(m·K)$,是空气导热系数的 100 倍,保温性能更差。

14. 塑性材料与脆性材料有何差别?为何一些土木工程材料选用需要考虑其韧性?

弹性是指材料在外力作用下产生变形,当外力取消后,能够完全恢复原来形状的性质。这种可完全恢复的变形称为弹性变形,具有这种性质的材料称为弹性材料。塑性是指在外力作用下材料产生变形,外力取消后,仍保持变形后的形状和尺寸,并且不产生裂缝的性质。这种不能恢复的变形称为塑性变形。

完全的弹性材料是没有的,有的材料在受力不大的情况下,表现为弹性变形,但受力超过一定限度后,则表现为塑性变形,如钢材;有的材料在受力后,弹性变形及塑性变形同时产生,如果取消外力,则弹性变形部分可以恢复,而塑性变形部分则不能恢复,如混凝土。

在外力作用下,当外力达到一定限度后,材料突然破坏而无明显的塑性变形,具有这种特征的材料称为脆性材料。脆性材料的抗压强度比其抗拉强度往往要高很多倍。它对承受振动作用和抵抗冲击荷载是极为不利的。砖、石材、陶瓷、玻璃、混凝土、铸铁等都属于脆性材料。

韧性指在冲击或振动荷载作用下,材料能够吸收较大的能量,同时也能产生一定的变形而不破坏的性质。材料的韧性是用冲击试验来检验的,因而又称为冲击韧性,它用材料受荷载达到破坏时所吸收的能量来表示。低碳钢、木材等属于韧性材料。用作路面、桥梁、吊车梁以及有抗震要求的结构都要考虑到材料的韧性。

15. 土木工程材料耐久性应包括哪些内容？决定材料耐腐蚀性的内在因素是什么？

材料在长期使用过程中，能保持其原有性能而不变质、不破坏的性质，统称为耐久性。它是一种复杂的、综合的性质，包括抗渗性、抗冻性、耐蚀性、抗老化性、耐热性、耐磨性等内容。

决定材料耐腐蚀的内在因素主要有：① 材料的化学组成和矿物组成。如果材料的组成成分容易与酸、碱、盐、氧或某些化学物质起反应，或材料的组成易溶于水或某些溶剂，则材料的耐腐蚀性较差；② 非晶体材料较同组成的晶体材料的耐腐蚀性差。因前者较后者有较高的化学能，即化学稳定性差；③ 材料内部的孔隙率，特别是开口孔隙率。孔隙率越大，腐蚀物质越易进入材料内部，使材料内外部同时受腐蚀，因而腐蚀加剧；④ 材料本身的强度。材料的强度越差，则抵抗腐蚀的能力越差。

生产材料时，在组成一定的情况下，可采取以下两个措施来提高材料的强度和耐久性：① 提高材料的密实度，降低材料内部的孔隙率，特别是开口孔隙率；降低材料内部裂纹的数量和尺度，使材料的内部结构均质化，则材料的强度和耐久性会随之提高；② 对多相复合材料应增加相界面间的粘结力，使得材料抵抗外界破坏的能力提高，其强度和耐久性也会随之提高。如对混凝土材料，应增加砂、石与水泥石间的粘结力。

16. 纳米技术在土木工程材料中有哪些应用？

广义而言，纳米材料是指在三维空间中至少有一维处于纳米尺度（1~100nm）范围或由它们作为基本单元构成的材料。纳米技术已逐步应用于土木工程材料，在混凝土、玻璃、陶瓷和涂料等材料的改性方面有明显的成效。

（1）环保型纳米无机涂料

借助传统的涂覆技术，添加适量的纳米材料或在线形成纳米颗粒，可使传统的涂层的功能有飞跃性的变化，利用纳米技术生产的无机涂料具有许多优点：① 无机涂料的 Si-O 原子结合能比有机涂料 C-O 结合能大，化学稳定性好，抗老化性能优，硬度高、耐磨性好，强度和硬度均比水泥大 3~10 倍；② 不用有机溶剂，VOC 量几乎没有；③ 不产生静电现象，抗污性好，在湿润条件下也可以施工；④ 防火、耐热、防腐性能好等。

有的纳米无机涂料可解决混凝土的表面腐蚀、老化及渗水等问题。这种涂料在混凝土内部水泥浆表面形成玻璃态或离子化胶态，注入到微裂纹和孔隙之中，与水泥反应形成新的硅酸盐复合体，不仅可以提高抗弯强度 2~3 倍，又可起到防水作用。

（2）利用纳米技术开发新型的混凝土外加剂

利用纳米技术和纳米材料可以开发新型的混凝土外加剂，增加混凝土外加剂的品种，提高混凝土外加剂的性能和对混凝土改性的效果，并减少副作用。

为了提高混凝土的寿命，防止其腐蚀与老化，可在多孔的混凝土中使用浸渍涂覆等技术进行表面处理。在混凝土内进行 Ca、Mg、Al 离子的反应使混凝土内部和表面形成玻璃态，最后形成的涂覆材料是以硅酸盐为主要成分的纳米胶态材料，可使混凝土强度提高 2~10 倍，使用寿命提高 3 倍以上，并提高其表面硬度和防水性，可用于建筑、铁路、道路路面、港湾、河川、水坝，也可用于屋顶防水。

（3）利用纳米技术对玻璃和陶瓷改性

利用纳米技术还可以对玻璃和陶瓷改性。例如，把纳米氧化铝添加到氧化铝陶瓷中，陶瓷的强度和韧性的提高非常显著。如果将该技术应用到陶瓷面砖和卫生洁具中，不但可以提高硬度、减少磨擦、形成自润滑性，还可以耐高温、抗氧化、抗老化，甚至可以具备抗菌、保洁等功能。另外，在玻璃、瓷砖等建筑材料表面采用超双亲界面材料技术后，水滴或油滴与表面的接触角接近于零，从而实现自清洁及防雾效果，使作为外墙使用的玻璃、陶瓷等建筑材料也能光洁如新。

第二章 建筑金属材料

17. 土木工程中常用什么钢材？

建筑钢材分为钢结构用钢和钢筋混凝土结构用钢。前者主要是型钢和钢板，后者主要是钢筋、钢丝、钢绞线等。

钢材按照化学成分分类，可分为碳素钢和合金钢两大类。含碳量为 0.02%~2.06% 的铁碳合金称为碳素钢，也称碳钢。其中碳素钢根据含碳量可分为：（1）低碳钢：含碳量 <0.25%。（2）中碳钢：含碳量为 0.25%~0.60%。（3）高碳钢：含碳量 >0.60%。

碳素钢中加入一定量的合金元素则称为合金钢。合金钢按合金元素的总含量可分为：（1）低合金钢：合金元素总含量 <5.0%。（2）中合金钢：合金元素总含量为 5.0%~10%。（3）高合金钢：合金元素总含量 >10%。

钢材按品质（杂质含量）分类，分为：（1）普通钢：含硫量 ≤0.050%；含磷量 ≤0.045%；（2）优质钢：含硫量 ≤0.035%；含磷量 ≤0.035%；（3）高级优质钢：含硫量 ≤0.025%，高级优质钢的钢号后加"高"字或"A"；含磷量 ≤0.025%；（4）特级优质钢：含硫量 ≤0.015%，特级优质钢后加"E"；含磷量 ≤0.025%。

钢材按冶炼时脱氧程度分类，可分为镇静钢、特殊镇静钢、沸腾钢和半镇静钢。

土木工程中常用的钢材主要是普通碳素钢中的低碳钢和合金钢中的低合金钢。

型钢由于截面形式合理，材料在截面上分布对受力最为有利，且构件间连接方便，所以它是钢结构中采用的主要钢材。钢结构常用的热轧型钢有：工字钢、H型钢、T型钢、槽钢、等边角钢、不等边型钢等。热轧钢材所用的母材主要是普通碳素结构钢及低合金高强度结构钢。

18. 人类建桥用的金属材料是如何演变的？

人类最早用来建桥的金属材料是铁，我国早在汉代（公元65年）曾在四川泸州用铁链建造了规模不大的吊桥。世界上第一座铸铁桥为1779年在英国建造的COALEROOKDALE桥，该桥1934年已禁止车辆通行。1878年，英国人曾用铸铁在北海的Tay湾上建造全长3160m、单跨73.5m的跨海大桥，采用梁式桁架结构，在石材和砖砌筑的基础上以铸铁管作桥墩，建成不到两年，一次台风夜袭，加之火车冲击荷载的作用，铸铁桥墩脆断，桥梁倒塌，车毁人亡，教训惨痛。此后，人们研究和比较了钢材与铸铁的性能，发现钢材不仅抗压强度高，抗拉强度和抗冲击韧性也高，更适于建造桥梁。1791年，德国人将英国的IRON铸铁拱桥按比例缩为1/4，以钢材建造，这是人类首先使用钢材建造人行桥。至今，人类总结了两百多年使用钢材建桥的经验，采用钢材建造的悬索桥已成为特大跨径桥梁的主要形式。

19. 为什么不用钢材的抗拉强度作为结构设计时取值的依据？屈强比在工程中有何意义？

屈服强度和极限抗拉强度是衡量钢材强度的两个重要指标。极限抗拉强度是试件能够承受的最大应力。在结构设计中，要求构件在弹性变形范围内工作，即使少量的塑性变形也尽量避免，所以规定以钢材的屈服强度作为设计时容许应力取值的依据，表示钢材在正常工作时承受的应力不超过屈服强度 σ_s。而钢材受力达到屈服强度后，变形迅速增长，尽管尚未断裂，已不能满足使用要求。

极限抗拉强度是试件能承受的最大应力。抗拉强度在设计中虽然不能利用，但是屈服点与抗拉强度的比值（σ_s/σ_b）称为屈强比，却是判断和评价钢结构的安全可靠程度及钢材的使用可靠性的一个重要参数。屈强比愈小，钢材受力超过屈服点工作时的可靠性越大，安全性越高，但是，屈强比太小，钢材强度的利用率偏低，浪费材料。钢材的屈强比最好在 0.60~0.75 之间。

20. 为何说伸长率（δ）是建筑用钢材的重要技术性能指标？δ_5、δ_{10} 和 δ_{100} 的意义有何差别？

伸长率（δ）表示钢材的塑性变形能力。钢材在使用中，为避免正常受力时在缺陷处产生应力集中发生脆断，要求其塑性良好，即具有一定的伸长率，可以使缺陷处应力超过 σ_s 时，随着材料发生塑性变形使应力重新分布，从而避免结构提早破坏。同时，常温下将钢材加工成一定形状，也要求钢材要具有一定塑性。但伸长率不能过大，否则，会使钢材在使用中超过允许的变形值。

δ_5、δ_{10} 为钢材拉伸试件的标距原长 l_0 取 $5d_0$ 或 $10d_0$（d_0 为拉伸试件原直径）时的伸长率。δ_{100} 表示钢材拉伸试件的标距为 100mm 时的伸长率。

21. 钢材的伸长率和冷弯性能都表示钢材的塑性，这两个指标有何不同？

钢材的冷弯性能和伸长率均是塑性变形能力的反映。钢材的伸长率是在钢材的拉伸试验中测得的，反映的是钢材在轴向均匀变形下的塑性，它的数值越大，表示钢材塑性越好。伸长率有两种表示方法 δ_5 和 δ_{10}，分别表示 $l_0 = 5d$，$l_0 = 10d$ 时的伸长率，同类钢 $\delta_5 > \delta_{10}$。

冷弯性能表示钢材在常温下易于加工而不破坏的能力。冷弯性能是在更严格条件下钢材局部变形的能力，是钢材处于不利变形条件下的塑性，它可揭示钢材内部组织是否均匀，是否存在内应力和夹杂物等缺陷，而这些缺陷在拉伸试验中常因塑性变形导致应力重分布而得不到反映。因此，可以利用冷弯的方法，使钢材焊口处受到不均匀变形，来检验建筑钢材各种焊接接头的焊接质量。不同钢材按技术要求进行不同的冷弯试验，检查被弯曲后钢件的拱面和两侧面是否出现裂纹、起层或断裂来评定其冷弯性能。

22. 什么是钢材的冲击韧性？什么是钢材的冷脆性？

冲击韧性是指在冲击荷载下，钢材抵抗破坏的能力。钢材的冲击韧性是以处在简支梁状态的金属试样在冲击负荷作用下折断时，单位面积的冲击吸收功 α_k 来表示的，α_k 值越大，钢材的冲击韧性越大。

钢材的冲击韧性与钢材的化学成分、组织状态，以及冶炼、加工都有关系。影响钢材冲击韧性的因素主要有：① 钢材中磷、硫含量较高时，由于存在偏析、非金属夹杂物的影响，或者焊接中形成的微裂纹等都会使冲击韧性显著降低；② 钢材的冲击韧性随环境温度的降低而下降，其规律是：开始下降缓和，当达到一定温度范围时，突然下降很多而呈脆性；③ 冲击韧性还将随时间的延长而下降，这种现象称为时效。

钢材的冲击韧性随环境温度的降低而下降，当达到一定温度范围时，突然下降很多而呈脆性，这种性质称为钢材的冷脆性；这时的温度称为脆性临界温度。脆性临界温度的数值越低，钢材的抗低温冲击性能越好。钢材的冲击韧性越大，钢材抵抗冲击荷载的能力越强。

承受动荷载的结构选用钢材时，必须按规范要求测定其冲击韧性值。处于低温条件下的钢结构要选用脆性临界温度低于环境最低温度的钢材。若在严寒地区，露天焊接钢结构受振动荷载作用时，要选用脆性临界温度低和时效敏感性小的钢材。

23. 海洋环境对钢结构有哪些不利的影响？北海油田钻井平台为何会倾覆？

现代海洋钢结构如移动式钻井平台，特别是固定式的桩基平台，在恶劣的海洋环境中受风浪和海流的长期反复作用与冲击振动；在严寒海域长期受流冰等随海潮对平台的冲击碰撞；另外，低温作用以及海水腐蚀介质的作用等都给钢结构平台带来极为不利的影响。其中，最突出的问题就是海洋钢结构的脆性断裂和疲劳破坏。

1980年3月27日，北海爱科菲斯科油田的A.L.基儿兰德号钻井平台突然从水下深部传来一次振动，紧接着一声巨响，平台立即倾斜，短时间内倾覆于海中，致使23人丧生，造成巨大的经济损失。

上述事故的调查分析显示，事故原因是撑杆中水声器支座疲劳，裂纹萌生、扩展，导致撑杆迅速断裂。由于撑杆断裂，使相邻5个支杆过载而破坏，接着所支撑的承重脚柱破坏，使平台20min内全部倾覆。

24. 为何不宜采用一般的焊条直接焊接中碳钢？

钢材的可焊性是指钢材在一定的焊接工艺条件下，在焊缝及其附近过热区是否产生裂缝及硬脆倾向，焊接后的接头强度是否具有与母体相近的性能。可焊性好的钢材易于用一般的焊接方法和工艺施焊，焊口处不易形成裂纹、气孔、夹渣等缺陷，焊接后钢材的力学性能，特别是强度不低于母材，硬脆倾向小。

例如，某厂的钢结构屋架使用中碳钢，采用一般的焊条直接焊接，使用一段时间后屋架塌落。从该事故可吸取以下的教训：① 钢材选用不当。影响钢材可焊性的主要因素是钢材的化学成分，即碳含量、杂质元素含量和合金元素含量。碳含量在0.12%~0.20%范围内的碳素钢，可焊性最好。碳含量提高可使焊缝和热影响区变脆。随钢材的含碳量、合金元素及杂质元素含量的提高，钢材的可焊性降低。中碳钢的含碳量超过0.25%，其塑性、韧性差于低碳钢，且焊接时温度高，热影响区的塑性及韧性下降较多，易于形成裂纹，可焊性明显降低；② 焊条选用及焊接方式亦有不妥。中碳钢由于含碳量较高，焊接易产生裂缝，最好采用铆接或螺栓连接。若只能采用焊接方法，应选用低氢型焊条，且构件宜预热。

25. 什么是钢材的冷加工强化及时效处理？冷拉并时效处理后钢筋的性能有何变化？

将钢材于常温下进行冷拉、冷拔或冷轧使其产生塑性变形，从而提高屈服强度，降低塑性韧性，这个过程称为冷加工强化处理。

将冷加工处理后的钢筋，在常温下存放 15~20d，或加热至 100~200℃后保持一定时间（2~3h），其屈服强度进一步提高，且抗拉强度也提高，同时，塑性和韧性会进一步降低，弹性模量则基本恢复。这个过程称为时效处理。

钢筋经过冷拉后，屈服强度和硬度提高，抗拉强度保持不变，其塑性、韧性和弹性模量降低；钢筋经过冷拉和时效处理后，屈服强度得到进一步提高，抗拉强度亦有所提高，塑性和韧性则进一步降低，弹性模量却得以恢复。

26. 为什么在建筑工程中常对钢筋进行冷加工？冷加工强化的钢材会有副作用吗？

冷加工强化处理通常是对钢材进行机械加工，主要是对钢筋进行冷拉和冷拔，冷轧主要在钢厂进行。在建筑工地和混凝土预制厂，经常对强度比使用要求偏低的钢筋和塑性偏大的钢筋或低碳盘条钢筋进行冷拉或冷拔并时效处理，以提高其屈服强度和利用率。经过冷加工的钢材，可适当减小钢筋混凝土结构设计截面，或减少混凝土中的配筋数量，从而达到节约钢材的目的。钢筋冷拉还有利于简化施工工序。冷拉盘条钢筋可省去开盘和调直工序；冷拉直条钢筋则可与矫直、除锈等工序一并完成。但冷拔钢丝的屈强比较大，相应的安全储备较小。建筑工程中大量使用的钢筋采用冷加工强化具有明显的经济效益，而且冷加工所用机械比较简单，容易操作，效果明显，因而建筑工程中常用此方法。

钢材加工至塑性变形后，由于塑性变形区域内的晶粒产生相对滑移，使滑移面下的晶粒破碎，晶格变形，构成滑移面的凹凸不平，从而给以后的变形造成较大的困难。所以，使得其塑性降低、脆性增大。

27. 碳素结构钢如何划分牌号？其牌号与性能之间的关系如何？

碳素结构钢的牌号由代表屈服强度的字母、屈服强度数值、质量等级符号、脱氧方法符号等四部分按顺序组成。其中以字母"Q"代表屈服强度；屈服强度数值共分 195、215、235、275MPa 四种；质量等级以硫、磷等杂质含量由多到少，分别用 A、B、C、D 符号表示；脱氧方法以 F 表示沸腾钢，Z、TZ 表示镇静钢和特殊镇静钢，Z 和 TZ 在钢的牌号中予以省略。

随着牌号的增大，其含碳量增加，强度提高，塑性和韧性降低，冷弯性能逐渐变差。同一钢号内质量等级越高，钢材的质量越好。

28. 在工程中如何选用不同牌号的碳素钢？

在工程中选用碳素钢时，应考虑钢材所要承受的荷载的性质（如直接承受动荷载、承受静荷载或间接承受动荷载）、使用温度、连接方式、结构的重要性等条件。

沸腾钢在使用时受到一定的限制，不得使用于：① 直接承受动荷载的焊接结构；② 直接承受动荷载的非焊接结构，而计算温度等于或低于 -20℃ 时；③ 承受静荷载及间接动荷载作用，而计算温度等于或低于 -30℃ 的焊接结构。而质量等级为 A 的钢材，一般仅适用于受静荷载作用的结构。

不同牌号的碳素钢在土木工程中有不同的应用。

Q195——强度不高，塑性、韧性、加工性能与焊接性能较好，主要用于轧制薄板和盘条等。

Q215——与Q195钢基本相同，其强度稍高，大量用作管坯、螺栓等。

Q235——强度适中，有良好的承载性，又具有较好的塑性和韧性，可焊性和可加工性也较好，是钢结构常用的牌号，大量制作成钢筋、型钢和钢板用于建造房屋和桥梁等。Q235是建筑工程中最常用的碳素结构钢牌号，其既具有较高强度，又具有较好的塑性、韧性，同时还具有较好的可焊性。Q235良好的塑性可保证钢结构在超载、冲击、焊接、温度应力等不利因素作用下的安全性，因而Q235能满足一般钢结构用钢的要求。Q235—A一般用于只承受静荷载作用的钢结构。Q235—B适合用于承受动荷载焊接的普通钢结构，Q235—C适合用于承受动荷载焊接的重要钢结构，Q235—D适合用于低温环境使用的承受动荷载焊接的重要钢结构。

Q275——强度高、塑性和韧性稍差，不易冷弯加工，可焊性较差，主要用作铆接或栓接结构以及钢筋混凝土的配筋。

29. 用作钢结构的钢材必须具有哪些性能？

用作钢结构的钢材必须具有下列性能：

（1）较高的强度。即抗拉强度和屈服点比较高。屈服点高可以减小截面，从而减轻自重，节约钢材，降低造价；抗拉强度高，可以增加结构的安全保障。

（2）足够的变形能力，即塑性和韧性性能好。塑性好则结构破坏前变形比较明显从而可减少脆性破坏的危险性，并且塑性变形还能调整局部高峰应力，使之趋于平缓。韧性好表示在动荷载作用下破坏时要吸收比较多的能量，同样也降低脆性破坏的危险程度。对采用塑性设计的结构和地震区的结构而言，钢材变形能力的大小具有特别重要的意义。

（3）良好的加工性能。即适合冷、热加工，同时具有良好的可焊性，不因这些加工而对强度、塑性及韧性带来较大的有害影响。

(4)根据结构的具体工作条件，在必要时还应该具有适应低温、有害介质侵蚀（包括大气锈蚀）以及重复荷载作用等的性能。

在符合上述性能的条件下，同其他建筑材料一样，钢材也应该容易生产，价格便宜。

30. H型钢和工字钢有何区别？H型钢如何分类？

H型钢由工字钢发展而来，优化了截面的分布。与工字钢相比，H型钢具有翼缘宽，侧向刚度大，抗弯能力强，翼缘两表面相互平行、连接构件方便、省劳力，重量轻、节省钢材等优点。H型钢截面形状经济合理，力学性能好，常用于要求承载力大、截面稳定性好的大型建筑。H型钢分为三类：宽翼缘H型钢（代号为HW）、中翼缘H型钢（代号为HM）和窄翼缘H型钢（代号为HN）；还有H型钢桩，其代号为HP。

31. 钢筋混凝土用热轧钢筋按力学性能分为几级？各级钢筋性能差别及主要用途如何？

热轧钢筋是建筑工程中用量最大的钢材品种之一，主要用于钢筋混凝土结构和预应力钢筋混凝土结构的配筋。热轧钢筋根据表面形状分为光圆钢筋和带肋钢筋，其中带肋钢筋有月牙肋钢筋和等高肋钢筋等。带肋钢筋表面轧有通长的纵肋（平行于钢筋轴线的均匀连续肋）和均匀分布的横肋（与纵肋不平行的其他肋），从而加强了钢筋与混凝土之间的粘结力，可有效防止混凝土与配筋之间发生相对位移。热轧钢筋根据屈服强度和抗拉强度的高低，分为四个强度等级：Ⅰ～Ⅳ级。四个强度等级的钢筋中，Ⅰ级为Q235碳素结构钢热轧的光圆钢筋，强度较低，具有塑性好、伸长率高（$\delta_5 \geqslant 25\%$）、便于弯折成型、容易焊接等特点，可用作中、小型钢筋混凝土结构的主要受力钢筋，构件的箍筋，钢、木结构的拉杆等。Ⅱ级、Ⅲ级和Ⅳ级是由普通低合金钢热轧的带肋钢筋，其牌号由HRB和牌号的屈服点最小值构成，分别为 HRB335、HRB400、HRB500 三个牌号，Ⅱ级、Ⅲ级钢筋可广泛用于大、中型钢筋混凝土结构的主筋，经冷拉处理后也可作为预应力筋。Ⅳ级 HRB500 主要用于工程中的预应力钢筋。

32. 普通热轧钢筋的牌号是如何表示的？

普通热轧钢筋根据屈服强度和抗拉强度的高低，又分为四个强度等级：Ⅰ~Ⅳ级。Ⅰ级为以 Q235 碳素结构钢为母材热轧的光圆钢筋，牌号为 HPB235；Ⅱ级、Ⅲ级、Ⅳ级是由普通低合金钢热轧的带肋钢筋，其牌号由 HRB 和牌号的屈服点最小值构成，分别为 HRB335、HRB400、HRB500 三个牌号，其中 H、P、R、B 分别为热轧（Hot rolled）、光圆（Plain）、带肋（Ribbed）、钢筋（Bars）四个词的英文首位字母。

33. 冷轧扭钢筋有何特点？

冷轧扭钢筋是采用低碳钢热轧圆盘条经专用钢筋冷轧扭机调直、冷轧并冷扭一次成型，具有规定截面形状和节距的连续螺旋状钢筋。该钢筋刚度大，不易变形，与混凝土的握裹力大，无需加工（预应力或弯钩），可直接用于混凝土工程，节约钢材 30%。使用冷轧扭钢筋可减小板的设计厚度、减轻自重，施工时，可按需要将成品钢筋直接供应现场铺设，免去现场加工钢筋，改变了传统加工钢筋占用场地，不利于机械化生产的弊端。

34. 如何对进入钢结构施工现场的钢材进行检验和验收？

反映钢材质量的主要力学指标有：屈服强度、抗拉强度、伸长率、冷弯性能及冲击韧性。此外，钢材的工艺性能和化学成分也是反映钢材性能的重要内容。根据《钢结构工程施工质量验收规范》(GB 50205—2001) 的规定，对进入钢结构工程施工现场的主要材料需进行进场验收，即检查钢材的质量合格证明文件、中文标识及检验报告，确认钢材的品种、规格、性能是否符合现行国家标准和设计要求。对属于下列情况之一的钢材，应进行抽样复验，其复验结果应符合现行国家产品标准和要求。

（1）国外进口钢材；

（2）钢材混批；

（3）板厚等于或大于 40mm，且设计有 Z 向性能要求的厚板；

（4）建筑结构安全等级为一级，大跨度钢结构中主要受力构件所采用的钢材；

（5）设计有复验要求的钢材；

（6）对质量有疑义的钢材。

复检时，各项试验应按国家标准《金属拉伸试验方法》（GB/T 228）、《金属夏比缺口冲击试验方法》（GB/T 229）和《金属材料弯曲试验方法》（GB/T 232）的规定进行。试件的取样则按国家标准《钢及钢产品力学性能试验取样位置及试样制备》（GB/T 2975）和《钢的化学分析用试样取样法及成品化学成分允许偏差》（GB/T 222）的规定进行。作热轧型钢的力学性能试验时，原则上应该从翼缘上切取试样。这是因为翼缘厚度比腹板大，屈服点比腹板低，并且翼缘是受力构件的关键部位。钢板的轧制过程使它的纵向力学性能优于横向，因此，采用纵向试样或横向试样，试验结果会有差别。国家标准中要求钢板、钢带的拉伸和弯曲试验取横向试件，而冲击韧性试验则取纵向试件。

钢材质量的抽样检验应由具有相应资质的质检单位进行。

35. 如何鉴别钢筋的质量？

用户在选择热轧钢筋时，要对其质量加以鉴别，一般可以从以下几个方面入手：

（1）在一批钢筋出厂时，厂家应附有钢筋的质量证明书或试验报告单。钢材出厂合格证应由钢厂质检部门提供或供销部门转抄,其中主要内容应包括:生产厂家名称、炉罐号(或批号)、钢种、钢号、钢筋的公称直径、强度级别、机械性能检验数据及结论、化学成分检验数据及结论、检验出厂日期等,并有钢厂质检部门印章及标准编号。

(2) 鉴别钢筋的标志、尺寸的测量和检验技术性能。国家标准规定,带肋钢筋应在其表面轧上钢筋级别标志,依次还可轧上厂名(或商标)和直径毫米数字。用户可以首先从钢筋表面标志是否完整正确来判别钢筋质量,然后按照统一炉罐(批)号、统一规格(直径)分批检验。

检验内容包括查对标志、外观检查、抽取试样作化学性能试验,合格后方可使用。鉴别热轧钢筋表面质量时,主要是用肉眼逐根判别。要求其表面不得有裂纹、结疤和折叠,虽然表面允许有凸块,但不得超过横肋的高度。尺寸的测量即用游标卡尺测量钢筋的直径。

另外,出厂的每批钢筋(即由同一牌号、同一规格、同一炉罐号的钢筋)都附有质量证明书,用户可以与此规定值比较。若要求严格或条件允许,用户还可以从中任意选取两根钢筋送国家认可的检测部门进行实样检测,以确定其技术性能是否符合要求。热轧钢筋取样每批重量不大于60t,在每批钢筋中任选两根,切取两个试样供拉力试验用,再任选两根,切取两个试样供冷弯试验用,其拉力试验和冷弯试验必须符合相应技术标准要求,如有某一项不合格,取双倍数量的试件复试,如仍有一项指标不合格,则该批钢筋判断为不合格。

(3) 钢筋在加工过程中,如发现脆断、焊接性能不良或力学性能显著不正常等现象,应对该批钢筋进行化学成分检验或其他专项检验。

36. 建筑工程中常用的铝合金制品有何特点?

铝为银白色轻金属,密度为 $2.7g/cm^3$,塑性好,但强度较低。纯铝在建筑上的应用较少。为提高铝的强度，在铝中可加入锰、镁、铜、硅、锌等制成各种铝合金，铝合金的强度和硬度、大气稳定性等大大提高，并仍然保持铝重量轻的固有特性，使用价值大为提高。通过电化学处理可使铝合金制品的表面具有各种颜色，使其装饰效果大大提高。铝合金的弹性模量低于低碳钢，应用中可以通过挤压成型，做成各种断面的空心铝材，以提高刚度，弥补弹性模量的不足。

通过热挤压、轧制、铸造等工艺，铝合金可被加工成各种铝合金门窗、龙骨、压型板、花纹板、管材、型材、棒材等。建筑工程常用的铝合金制品有：

（1）铝合金门窗：铝合金门窗按其结构与开启方式可分为：推拉窗（门）、平开窗（门）、悬挂窗、回转窗、百叶窗、纱窗等。按其抗风压强度、气密性和水密性三项性能指标，将产品分为A、B、C三类，每类又分为优等品、一等品和合格品三个等级。

（2）铝合金板：用于装饰工程的铝合金板，其品种和规格很多。按装饰效果分，则有铝合金花纹板、铝合金波纹板、铝合金压型板、铝合金浅花纹板、铝合金冲孔板等。压型板和花纹板可直接用于墙面、屋面、顶棚等的装饰，也可与泡沫塑料或其他隔热保温材料复合为轻质、隔热保温的复合板材。

37. 铝合金型材为什么需要进行表面处理？

铝材表面的自然氧化膜薄而软，耐蚀性较差，在腐蚀性较强的条件下，不能起到有效的防护作用。为了提高铝材的抗蚀性能，常用人工方法提高其氧化膜厚度，在此基础上再进行着色处理，提高装饰效果，这称为铝合金的表面处理。主要包括：表面处理前的预处理、阳极氧化、化学氧化、着色处理和封孔处理。

38. 为何有的住宅铝合金窗使用两年后会变形，隔声效果及气密性变差？

纯铝虽然质轻，但强度、硬度都较低，需加入锰、镁等合金元素后，合成铝合金，才能获得较高的强度和硬度。经研究发现，一方面是其铝合金材质较差，另一方面是型材的厚度不足，造成该铝合金窗使用两年后就变形。

39. 钢材是否耐火？

钢是不燃性材料，但这并不表明钢材能够抵抗火灾。耐火试验与火灾案例表明：以失去支持能力为标准，无保护层时钢柱和钢屋架的耐火极限只有0.25h，而裸露钢梁的耐火极限为0.15h。温度在200℃以内，可以认为钢材的性能基本不变；超过300℃以后，钢材的弹性模量、屈服点和极限强度均开始显著下降，应变急剧增大；达到600℃时，已经失去承载能力。所以，没有防火保护层的钢结构是不耐火的。

钢结构防火保护的基本原理是采用绝热或吸热材料，阻隔火焰和热量，推迟钢结构的升温速率。防火方法以包覆法为主，即以防火涂料、不燃性板材或混凝土和砂浆将钢构件包裹起来。

40. 广东某斜拉桥使用6年后一条拉索突然坠落，为何密封于拉索内的钢丝会被腐蚀？

钢材表面与周围介质发生作用而引起破坏的现象称作腐蚀（锈蚀）。根据钢材与环境介质的作用原理，腐蚀可分为化学腐蚀和电化学腐蚀。电化学腐蚀是指钢材与电解质溶液接触而产生电流，形成微电池而引起的锈蚀。潮湿环境中钢材的表面会被一层电解质水膜所覆盖，而钢材是由铁素体、渗碳体以及游离石墨等多种成分组成，由于这些成分的电极电位不同，首先，钢的表面层在电解质溶液中构成以铁素体为阳极，以渗碳体为阴极的微电池。在阳极，铁失去电子成为Fe^{2+}进入水膜；在阴极，溶于水膜中的氧被还原生成OH^-。随后两者结合生成不溶于水的$Fe(OH)_2$，并进一步氧化成为疏松易剥落的红棕色铁锈$Fe(OH)_3$。由于铁素体基体的逐渐锈蚀，钢组织中的渗碳体等暴露出来的越来越多，形成的微电池数目也越来越多，钢材的锈蚀速度愈益加速。

通过对坠落的拉索进行研究，钢丝的腐蚀程度由下而上逐渐增加，且与所灌注的水泥浆体的情况有明显的对应关系。其中锈蚀严重部分钢丝的表面镀锌层已不存在，露出了钢基体，有明显的点腐蚀形貌，而该部分水泥浆体并未凝结。

拉索钢丝所受的腐蚀原因是所灌注的水泥浆体不凝结，产生电化学腐蚀；而水泥浆体所含的一定量的 Cl^- 及钢丝在拉应力的作用下更加速了此锈蚀过程。水泥浆体不凝结的原因是：该拉索所灌注的水泥浆产生离析，含一定浓度 FDN 减水剂的大水灰比水泥浆体富集于拉索上部，在密闭的条件下，造成浆体长时间不凝结。

第三章 无机胶凝材料

41. 什么是胶凝材料？水硬性胶凝材料和气硬性胶凝材料有何差别？

凡能在物理、化学作用下，从浆体变为坚固的石状体，并能胶结其他物料而具有一定机械强度的物质，统称为胶凝材料。胶凝材料包括有机胶凝材料与无机胶凝材料。无机胶凝材料按硬化条件不同，可分为气硬性和水硬性两类。水硬性胶凝材料包括各种水泥，拌合水后既可以在空气中硬化亦可于水中硬化，并保持及发展强度。只能在空气中硬化，并保持和继续发展强度者称为气硬性胶凝材料，如石灰。

气硬性胶凝材料只能在空气中凝结硬化，在水中不能硬化；而水硬性胶凝材料既能在空气中凝结硬化，而且能更好地在水中硬化和发展其强度。气硬性胶凝材料的软化系数小，抗冻性差，宜用于室内不与水长期接触的工程部位，而不宜用于潮湿环境，更不可用于水中。而且，在储运过程中应注意防潮，储存期也不宜过长。水硬性胶凝材料既适用于干燥环境，又适用于潮湿环境或水下工程。

42. 什么是"欠火石灰"和"过火石灰"？

煅烧生产石灰的原料主要是以碳酸钙为主的天然岩石，如石灰石、白垩等。将这些原料在高温下煅烧，碳酸钙将分解成为生石灰，生石灰的主要成分为氧化钙。

石灰石的分解温度约900℃，但为了加速分解过程，煅烧温度常提高至1000~1100℃左右。在煅烧过程中，若温度过低或煅烧时间不足，使得$CaCO_3$不能完全分解，将生成"欠火石灰"。如果煅烧时间过长或温度过高，将生成颜色较深、块体致密的"过火石灰"。

43. 石灰膏使用前为什么要进行陈伏？

工地上使用生石灰前要进行消化，又称熟化。熟化是指生石灰（氧化钙）与水作用生成氢氧化钙（熟石灰，又称消石灰）的过程，又称石灰的消解或消化。石灰的熟化过程会放出大量的热，熟化时体积增大 1~2.5 倍。在砌筑或抹面工程中，若有未熟化颗粒（过火石灰），使用后过火石灰将继续熟化，其熟化伴随的体积膨胀使表面凸起、开裂、扭曲或局部脱落而影响工程质量。为了消除过火石灰的危害，石灰膏在使用之前应进行陈伏。

陈伏是指块状生石灰熟化成石灰膏时，必须在化灰池（也称为储灰坑）中放置 14d 以上的过程。过火石灰在这一期间将慢慢熟化。陈伏期间，石灰浆表面应保有一层水分，使其与空气隔绝，以免与空气中二氧化碳发生碳化反应。

44. 古代的石灰浆经检测强度甚高。有人说古代的石灰质量优于现在石灰。此说法对否？

此说法不对。石灰水化后逐渐凝结硬化，主要包括下面两个过程：干燥结晶硬化过程和碳化过程。由于碳化作用主要发生在与空气接触的表层，且生成的 $CaCO_3$ 膜层较致密，阻碍了空气中 CO_2 的渗入和碳化作用的深入，也阻碍了内部水分向外蒸发，因此硬化缓慢，硬化初期强度低。硬化石灰浆体的主要成分是氢氧化钙，经长时间与空气中 CO_2 接触反应，生成 $CaCO_3$，强度提高。古代的石灰浆经检测强度甚高并非古代的石灰质量优于现在的石灰，而是随着时间的推移，石灰的碳化反应较为深入和彻底，表现为强度甚高。

45. 某建筑的内墙使用了石灰砂浆抹面，数月后出现了许多不规则的网状裂纹，何因？

石灰砂浆抹面的墙面上出现不规则的网状裂纹，引发的原因很多，但最主要的原因在于石灰在硬化过程中，蒸发大量的游离水而引起体积收缩的结果。

石灰水化后逐渐凝结硬化，主要包括下面两个过程：干燥结晶硬化过程和碳化过程。石灰浆体在干燥过程中，游离水分蒸发，引起体积收缩而形成网状孔隙，这些滞留于孔隙中的自由水由于表面张力的作用而产生毛细管压力，使石灰粒子更紧密。且由于水分蒸发，使 $Ca(OH)_2$ 从饱和溶液中逐渐结晶析出。

46. 钙质石灰与镁质石灰的技术要求有何差别？

建筑工程中所用的石灰常分三个品种：建筑生石灰、建筑生石灰粉和建筑消石灰粉。

由于石灰生产原料中多少含有一些碳酸镁（$MgCO_3$），因而生石灰中还含有次要成分氧化镁。根据我国建材行业标准《建筑生石灰》(JC/T 479—92) 与《建筑生石灰粉》(JC/T 480—92) 的规定，按石灰中氧化镁的含量，将生石灰分为钙质生石灰（MgO 含量≤5%）和镁质生石灰（MgO 含量>5%）两类。镁质生石灰熟化较慢，但硬化后强度稍高。它们按技术指标又可分为优等品、一等品和合格品三个等级。生石灰及生石灰粉的主要技术指标见表3-1。

建筑生石灰技术指标 表 3-1

项 目	钙质生石灰			镁质生石灰		
	优等品	一等品	合格品	优等品	一等品	合格品
CaO + MgO 含量不少于（%）	90	85	80	85	80	75
CO_2 含量不大与（%）	5	7	9	6	8	10
未消化残渣含量（5mm 圆孔筛余）不大于（%）	5	10	15	5	10	15
产浆量，不少于（L/kg）	2.8	2.3	2.0	2.8	2.3	2.0

47. 为何生石灰加水马上配制石灰砂浆可能会出现膨胀性裂缝？

主要原因是该生石灰加水马上配制成石灰砂浆，生石灰的陈伏时间不足 14d，以至使用数日后部分未消化的石灰在已硬化的石灰砂浆中熟化，体积膨胀，产生膨胀性裂纹。因工期紧，若无现成合格的石灰膏，可选用消石灰粉。

如，上海某新村四幢 6 层楼 1989 年 9～11 月进行内外墙粉刷，1990 年 4 月交付甲方使用。此后陆续发现内外墙粉刷层发生爆裂。至 5 月份阴雨天，爆裂点迅速增多，破坏范围上万平方米。爆裂源为微黄色粉粒或粉料。经了解，该内外墙粉刷用的"水灰"，粉刷过程已发现部分"水灰"中有一些粗颗粒。对爆裂采集的微黄色爆裂物作 X 射线衍射分析，证实除含石英、长石、CaO、$Ca(OH)_2$、$CaCO_3$ 外，还含有较多的 MgO、$Mg(OH)_2$ 以及少量白云石。这些未充分消解的 CaO 和 MgO 在潮湿的环境下缓慢水化，分别生成 $Ca(OH)_2$ 和 $Mg(OH)_2$，固相体积膨胀约 2 倍，从而产生爆裂破坏。还需说明的是，MgO 的水化速度更慢，更易造成危害。

48. 为什么石膏制品具有"呼吸"功能？此"呼吸"作用是否会引起石膏制品的变形？

纤维石膏板等石膏制品具有一种独特的"呼吸"功能，由于石膏硬化体具有微孔结构，在环境空气的相对湿度较大时可吸收水分，而当空气相对湿度降至 60% 以下时所吸收的水分又可自然地释放出来，将石膏制品的此种特性称为"呼吸作用"。石膏制品的吸湿量不大，纸面石膏板在温度为 32℃、相对湿度 90% 的空气中时，达到平衡时的吸湿量仅为 0.2%，对制品的强度影响不大，对制品尺寸变化的影响也很小，所以不会引起制品的变形或开裂。由于石膏墙体材料的这种呼吸功能可自动调节室内空气的湿度，墙面不会结露，人们接触墙面时感觉温暖，这些都提高了人们居住的舒适感。

49. 如何根据建筑石膏的特点予以应用？

（1）建筑石膏宜根据其特点予以应用：

① 建筑石膏的密度约为 $2.60 \sim 2.75 \text{g/cm}^3$，堆积密度约为 $800 \sim 1000 \text{kg/m}^3$，属轻质材料。

② 凝结硬化快，建筑石膏硬化后孔隙率大（达50%～60%），因而强度较低，导热系数小，吸声性强，吸湿性大，可调节室内的温度和湿度。由于石膏的"呼吸"作用，还有调节室内空气湿度，提高舒适度的功能。

③ 建筑石膏凝结硬化时体积略膨胀，这一特性使石膏可浇注出纹理细致的浮雕花饰。同时石膏制品质地洁白细腻，特别适合制作建筑装饰制品。

④ 建筑石膏防火性能好，但其制品在防火的同时自身将被损坏，而且石膏制品不宜长期用于靠近65℃以上高温的部位。

⑤ 建筑石膏的耐水性和抗冻性差，不宜用于潮湿部位。

（2）建筑石膏的应用主要有两方面：

① 制备石膏砂浆和粉刷石膏：建筑石膏加水、砂及缓凝剂拌合成石膏砂浆，可用于室内抹灰。石膏粉刷层表面坚硬、光滑细腻，不起灰。便于进行再装饰，如贴墙纸、刷涂料等。建筑石膏加水拌合成石膏浆体，可作为室内粉刷涂料，这时应加缓凝剂，以保证有足够的施工时间。

② 生产石膏制品：如纸面石膏板、石膏空心条板、纤维石膏板、装饰石膏制品等。石膏板具有轻质、保温隔热、吸声、防火、尺寸稳定及施工方便等性能，广泛应用于高层建筑及大跨度建筑的隔墙。常用石膏板有：纸面石膏板、纤维石膏板、空心石膏板、吸声用穿孔石膏板和装饰石膏板等。

建筑石膏产品的标记顺序为：产品名称，抗折强度值，标准号。例如，抗折强度为 2.5MPa 的建筑石膏记为：建筑石膏 2.5　GB 9776。

50. 为何高强石膏的强度比建筑石膏高？

高强石膏为 α 型半水石膏，建筑石膏为 β 型的半水石膏。这是二水石膏在不同的加热条件下脱水形成的两种不同形态的半水石膏，它们虽然都是菱形结晶，但性能不同。β型的半水石膏是片状的、有裂隙的晶体，结晶很细，比表面积比α型半水石膏大得多，拌制石膏制品时，需水量高达60%~80%；制品孔隙率大，强度较低。α型半水石膏结晶良好、坚实、粗大，因而比表面积较小，需水量约为35%~45%，只有β型的半水石膏的一半左右，因此硬化后孔隙率小，强度高。α型半水石膏的结晶形态决定了其强度，其发育完整的短柱状晶体可获得很高的强度。

51. 为什么建筑石膏及其制品一般不适用于室外？

建筑石膏及其制品适用于室内装修，主要是由于建筑石膏及其制品在凝结硬化后具有以下优良性质：

（1）石膏表面光滑饱满，颜色洁白，质地细腻，具有良好的装饰性。建筑石膏凝结硬化时体积略膨胀，故其制品的表面较为光滑饱满，棱角清晰完整，形状、尺寸准确，细致，装饰性好。

（2）硬化后的石膏中存在大量的微孔，故其保温性、吸声性良好。

（3）硬化后的石膏的主要成分是二水石膏，当受到高温作用时或遇火后会脱出结晶水，并能在表面蒸发形成水蒸气幕，可有效阻止火势蔓延，具有一定的防火性。

（4）建筑石膏制品还具有较高的热容量和一定的吸湿性，故可以调节室内的温度和湿度，改变室内的小气候。

在室外使用建筑石膏制品时，要受到雨水冰冻的作用，而建筑石膏制品耐水性差、吸水率高，抗渗性差，所以一般不适用于室外。

52. 用建筑石膏粉浆在光滑的天花板上粘贴石膏饰条如何避免坠落？

建筑石膏拌水后一般于数分钟至半小时左右凝结，若一次配制较多的石膏浆，施工后期用来粘贴石膏饰条的石膏浆已初凝，粘结性能差。为防止石膏浆的快速凝结造成的施工不便，可掺入缓凝剂，延长石膏浆的凝结时间。或者施工时分多次配制石膏浆，即配即用。另外，在光滑的天花板上直接贴石膏饰条，难以粘贴牢固，宜对粘贴部位表面予以打刮，以利粘贴。为增强石膏浆的粘结性能，还可在石膏浆中掺入部分粘结性强的胶粘剂。

53. 普通石膏浮雕板用于厕所、浴室为何易出现发霉变形？如何改善其耐水性？

厨房、厕所、浴室等处一般较潮湿，普通石膏制品具有较强的吸湿性和吸水性，在潮湿的环境中，石膏晶体间的粘结力削弱，强度下降、变形，且还会发霉。

建筑石膏一般不宜在潮湿和温度过高的环境中使用。欲改善其耐水性，可于建筑石膏中掺入一定量的水泥或其他含活性SiO_2、Al_2O_3及CaO的材料，如粉煤灰、石灰。掺入有机防水剂亦可改善石膏制品的耐水性。

54. 氯氧镁水泥有何特点？如何根据其特点予以利用？

氯氧镁水泥又称镁质胶凝材料或菱苦土。以MgO和$MgCl_2$拌合而成。硬化后的主要产物为$xMg(OH)_2 \cdot yMgCl_2 \cdot zH_2O$，其吸湿性大，耐水性差。遇水或吸湿后易产生翘曲变形，表面泛霜，且强度大大降低。因此，不宜用于潮湿环境。

氯氧镁水泥与纤维能很好粘结，其碱性较弱，不会腐蚀纤维，并具有较高的抗折强度和抗冲击强度。建筑工程中常用来制造氯氧镁水泥木屑地面、木屑板、木丝板和玻璃纤维增强氯氧镁水泥瓦等。

55. 什么是水玻璃？水玻璃的模数、浓度对水玻璃性能有什么影响？

水玻璃俗称泡花碱，是由不同比例的碱金属和二氧化硅化合而成的一种可溶于水的硅酸盐。建筑工程中最常用的水玻璃是硅酸钠水玻璃（$Na_2O \cdot nSiO_2$，简称钠水玻璃）和硅酸钾水玻璃（$K_2O \cdot nSiO_2$，简称钾水玻璃）。

水玻璃的模数指硅酸钠中氧化硅和氧化钠的分子数之比，一般在1.5~3.5之间。一般而言，水玻璃的模数 n 越大，水玻璃的黏度越大、硬化速度越快、干缩越大，硬化后的粘结强度、抗压强度越高，耐水性、抗渗性及耐酸性越好。主要原因是低模数水玻璃的晶体组分较多，粘结能力较差；模数越高，胶体组分相对增多，粘结能力、强度、耐酸性和耐热性越高。模数越高的水玻璃愈难溶于水，不易稀释，亦不便施工。

同一模数的液体水玻璃，其浓度越稠，则密度越大，硬化时析出的硅酸凝胶也多，粘结力越强。

然而如果水玻璃的模数或密度太大，往往由于黏度过大而影响到施工质量和硬化后水玻璃的性质，故不宜过大。

56. 水玻璃是如何凝结硬化的？

液体水玻璃的凝结硬化主要是靠吸收空气中二氧化碳，形成无定形硅酸凝胶，并逐渐干燥硬化。其反应式如下：

$$Na_2O \cdot nSiO_2 + CO_2 + mH_2O \longrightarrow nSiO_2 \cdot mH_2O + Na_2CO_3$$

由于空气中 CO_2 浓度较低，这个过程进行得很慢。为了加速硬化，常加入氟硅酸钠 Na_2SiF_6 作为促硬剂，促使硅酸凝胶加速析出，其反应如下：

$$2(Na_2O \cdot nSiO_2) + Na_2SiF_6 + mH_2O \longrightarrow (2n+1)SiO_2 \cdot mH_2O + 6NaF$$

硅酸凝胶再脱水而成 SiO_2，从而具有强度。氟硅酸钠的适宜用量为水玻璃质量的12%~15%，加入适量氟硅酸钠的水玻璃7d基本上可达到最高强度。

57. 水玻璃涂在烧结普通砖表面可提高其抗风化能力，可否也涂在石膏制品表面？

水玻璃有良好的粘结能力，硬化时析出的硅酸凝胶可堵塞毛细孔隙,从而防止水渗透。水玻璃涂在烧结普通砖表面可以浸入其内部,可使材料更致密,提高其风化能力。

但是,如果使用水玻璃涂刷或浸渍石膏制品,水玻璃会与石膏反应生成硫酸钠晶体,在制品孔隙中结晶,体积显著膨胀,从而导致制品开裂和破坏。因此,水玻璃不可以涂在石膏制品表面。

58. 水泥是如何分类的?通用硅酸盐水泥包括哪些水泥品种?

水泥品种非常多,按其组成成分分类,可分为硅酸盐类水泥、铝酸盐类水泥、硫铝酸盐类水泥和铁铝酸盐类水泥等。根据国家标准《水泥命名原则》(GB 4131—84)规定,按其性能及用途可分为三类。

通用水泥:用于一般土木建筑工程的水泥。通用硅酸盐水泥包括硅酸盐水泥、普通硅酸盐水泥、矿渣硅酸盐水泥、火山灰质硅酸盐水泥、粉煤灰硅酸盐水泥以及复合硅酸盐水泥六大品种。

专用水泥:专门用途的水泥。

特性水泥:某种性能比较突出的水泥。

通用硅酸盐水泥按混合材料的品种和掺量分为硅酸盐水泥、普通硅酸盐水泥、矿渣硅酸盐水泥、火山灰质硅酸盐水泥、粉煤灰硅酸盐水泥和复合硅酸盐水泥。各品种的组分和代号应符合表3-2 的规定。

通用硅酸盐水泥的组分和代号(%) 表3-2

品 种	代号	组 分				
		熟料+石膏	粒化高炉矿渣	火山灰质混合材料	粉煤灰	石灰石
硅酸盐水泥	P·I	100	—	—	—	—
	P·II	≥95	≤5	—	—	—
		≥95	—	—	—	≤5

续表

品 种	代号	组 分				
		熟料+石膏	粒化高炉矿渣	火山灰质混合材料	粉煤灰	石灰石
普通硅酸盐水泥	P·O	≥80且<95	>5且≤20[a]			—
矿渣硅酸盐水泥	P·S·A	≥50且<80	>20且≤50[b]	—	—	—
	P·S·B	≥30且<50	>50且≤70[b]	—	—	—
火山灰质硅酸盐水泥	P·P	≥60且<80	—	>20且≤40[c]	—	—
粉煤灰硅酸盐水泥	P·F	≥60且<80	—	—	>20且≤40[d]	—
复合硅酸盐水泥	P·C	≥50且<80	>20且≤50[e]			

注：a. 本组分材料为符合标准的活性混合材料，其中允许用不超过水泥质量8%且符合标准的非活性混合材料或不超过水泥质量5%且符合标准的窑灰代替。
b. 本组分材料为符合 GB/T 203 或 GB/T 18046 的活性混合材料，其中允许用不超过水泥质量8%且符合标准的活性混合材料或非活性混合材料或窑灰中的任一种材料代替。
c. 本组分材料为符合 GB/T 2847 的活性混合材料。
d. 本组分材料为符合 GB/T 1596 的活性混合材料。
e. 本组分材料为由两种（含）以上符合标准的活性混合材料或/和符合标准的非活性混合材料组成，其中允许用不超过水泥质量8%且符合标准的窑灰代替。掺矿渣时混合材料掺量不得与矿渣硅酸盐水泥重复。

59. 为何在《通用硅酸盐水泥》新标准中将矿渣硅酸盐水泥分为两类？其性能有何差别？

对于矿渣硅酸盐水泥而言，由于其混合材料允许掺量范围大，在此范围内水泥性能的变化比较大，特别是矿渣掺量超过50%后，碳化深度急剧增加。因此，根据试验研究结果，参照 EN 197—1，同时考虑水泥生产企业的实际控制情况，将矿渣硅酸盐水泥分为两类：A 类为 21% ~ 50%，B 类为 51% ~ 70%。

60. 水泥熟料矿物组成与其性能有何关系？

硅酸盐水泥的熟料矿物由硅酸三钙 C_3S、硅酸二钙 C_2S、铝

酸三钙 C_3A 与铁铝酸四钙 C_4AF 组成，其中硅酸三钙和硅酸二钙的总含量在 70% 以上，铝酸三钙与铁铝酸四钙的含量在 25% 左右。除了主要熟料矿物外，硅酸盐水泥中还含有少量游离氧化钙、游离氧化镁和碱等，但其总含量一般不超过水泥质量的 10%。

硅酸三钙 C_3S 的水化反应速度较快，生成了水化硅酸钙（C-S-H 凝胶）胶体，并以凝胶的形态析出，构成具有很高强度的空间网状结构，同时生成的氢氧化钙以晶体的形态析出。硅酸二钙 C_2S 的水化与 C_3S 相似，只不过水化速度较慢而已。硅酸二钙的水化产物也称为 C-S-H 凝胶，但 $Ca(OH)_2$ 生成量比 C_3S 的少，结晶却粗大些。

铝酸三钙 C_3A 的水化迅速，放热快，在有石膏的情况下，C_3A 水化的最终产物与其石膏掺入量有关。最初形成的三硫型水化硫铝酸钙，简称钙矾石，常用 AFt 表示。以铁铝酸四钙 C_4AF 为代表的铁相固溶体的水化反应及其产物与 C_3A 很相似。

各种水泥熟料矿物水化所表现的特性见表 3-3。

硅酸盐水泥熟料矿物的基本特性 表 3-3

名　称	水化反应速率	水化放热量	强度	耐化学侵蚀性	干缩
硅酸三钙 C_3S	快	大	较高	中	中
硅酸二钙 C_2S	慢	小	早期低后期高	良	小
铝酸三钙 C_3A	最快	最大	低	差	大
铁铝酸四钙 C_4AF	快	中	较低	优	小

硅酸盐水泥熟料矿物各具特性。硅酸三钙 C_3S 在最初 4 个星期内强度发展迅速，它实际上决定着硅酸盐水泥四个星期以内的强度；硅酸三钙 C_3S 的水化热较多，其含量也最多，故它放出的热量最多，但其耐腐蚀性较差。

硅酸二钙 C_2S 的硬化速度慢，在大约 4 个星期后才发挥其强度作用，约一年左右达到 C_3S 四个星期的发挥程度；而其水化热少；耐腐蚀性好。

铝酸三钙 C_3A 硬化速度最快，但强度低，其对硅酸盐水泥在 1~3d 或稍长的时间内的强度起到一定作用；铝酸三钙 C_3A 的水化热多；耐腐蚀性最差。

铁铝酸四钙 C_4AF 的硬化速度也较快，但强度低，其对硅酸盐水泥的强度贡献小；其水化热和耐腐蚀性均属中等。

例如，有两种硅酸盐水泥，A 水泥的熟料矿物中硅酸三钙 C_3S 及铝酸三钙 C_3A 的含量均高于 B 水泥中的含量，而硅酸三钙 C_3S 及铝酸三钙 C_3A 的早期强度及水化热都较高，故 A 硅酸盐水泥的早期强度与水化热高于 B 水泥。

61. 为什么在生产水泥时既要掺入石膏，又要限制水泥中三氧化硫含量？

水泥生产时掺入适量石膏，主要是石膏与熟料矿物铝酸三钙 C_3A 起反应，生成钙矾石，钙矾石很难溶解于水，它沉淀在水泥颗粒表面上形成保护膜，控制了水泥的水化反应速度，调节了凝结时间。如不掺入石膏或石膏掺量不足时，水泥熟料中的铝酸三钙 C_3A 遇水后，水化反应的速度很快，会使水泥发生瞬凝或急凝现象。为了延长凝结时间，方便施工，在生产水泥时要加入适量石膏。

若水泥中三氧化硫含量太大，水泥硬化后，在有水存在的情况下，硫酸盐还会继续与固态的水化铝酸钙反应，体积增大，引起水泥石的开裂，引起水泥体积安定性不良。为此，需要限制水泥中三氧化硫含量。

62. 通用硅酸盐水泥有哪些技术要求？为何对水泥中氯含量等要作出限制？

通用硅酸盐水泥有如下技术要求：
（1）化学指标
化学指标应符合表 3-4 规定。

通用硅酸盐水泥的化学指标（%） 表 3-4

品　种	代号	不溶物 不大于	烧失量 不大于	三氧化硫 不大于	氧化镁 不大于	氯离子 不大于
硅酸盐水泥	P·Ⅰ	0.75	3.0	3.5	5.0[a]	0.06[c]
	P·Ⅱ	1.50	3.5			
普通硅酸盐水泥	P·O	—	5.0			
矿渣硅酸盐水泥	P·S·A	—	—	4.0	6.0[b]	
	P·S·B	—	—		—	
火山灰质硅酸盐水泥	P·P			3.5	6.0[b]	
粉煤灰硅酸盐水泥	P·F					
复合硅酸盐水泥	P·C					

注：a. 如果水泥压蒸试验合格，则水泥中氧化镁的含量允许放宽至6.0%。
　　b. 如果水泥中氧化镁的含量大于6.0%时，需进行水泥压蒸安定性试验并合格。
　　c. 当有特殊要求时，该指标由买卖双方协商确定。

通用硅酸盐水泥所提出的有关化学指标是为了确保其质量。

① 不溶物。

不溶物是指经盐酸处理后的残渣，再以氢氧化钠溶液处理，经盐酸中和过滤后所得的残渣经高温灼烧所剩的物质。不溶物含量高对水泥质量有不良影响。

② 烧失量。

烧失量是用来限制石膏和混合材中的杂质，以保证水泥质量。

③ 三氧化硫。

水泥中过量的三氧化硫会与铝酸三钙形成较多的钙矾石，体积膨胀，危害安定性。

④ 氧化镁。

因水泥中氧化镁水化生成氢氧化镁，体积膨胀，而其水化速度慢，须以压蒸的方法加快其水化，方可判断其安定性。

⑤ 氯离子。

因一定含量的氯离子会腐蚀钢筋，故需加以限制。

（2）碱含量（选择性指标）

水泥中碱含量按 $Na_2O + 0.658K_2O$ 计算值表示。若使用活性骨料，用户要求提供低碱水泥时，水泥中的碱含量应不大于 0.60%或由买卖双方协商确定。

（3）物理指标

① 凝结时间。

硅酸盐水泥初凝不小于 45min，终凝不大于 390min；普通硅酸盐水泥、矿渣硅酸盐水泥、火山灰质硅酸盐水泥、粉煤灰硅酸盐水泥和复合硅酸盐水泥初凝不小于 45min，终凝不大于 600min。

初凝为水泥加水拌合时起至标准稠度净浆开始失去可塑性所需的时间；终凝为水泥加水拌合时起至标准稠度净浆完全失去可塑性并开始产生强度所需的时间。为使水泥混凝土和砂浆有充分的时间进行搅拌、运输、浇捣和砌筑，水泥初凝时间不能过短。当施工完成，则要求尽快硬化，具有强度，故终凝时间不能太长。

② 安定性。

沸煮法合格。安定性是指水泥在凝结硬化过程中体积变化的均匀性。当水泥浆体硬化过程发生了不均匀的体积变化，会导致水泥石膨胀开裂、翘曲，即安定性不良。安定性不良的水泥会降低建筑物质量，甚至引起严重事故。引起水泥安定性不良的原因有三个：

A. 熟料中游离氧化镁过多。水泥中的氧化镁（MgO）在水泥凝结硬化后，会与水生成 $Mg(OH)_2$。该反应比过烧的氧化钙与水的反应更加缓慢，且体积膨胀，会在水泥硬化几个月后导致水泥石开裂；

B. 石膏掺量过多。当石膏掺量过多时，水泥硬化后，在有水存在的情况下，它还会继续与固态的水化铝酸钙反应生成高硫型水化硫铝酸钙（俗称钙矾石，简写成 AFt），体积约增大 1.5 倍，引起水泥石开裂；

C. 熟料中游离氧化钙过多。水泥熟料中含有游离氧化钙，其中部分过烧的氧化钙 CaO 在水泥凝结硬化后，会缓慢与水生成 $Ca(OH)_2$。该反应体积膨胀，使水泥石发生不均匀体积变化。

因为氧化镁和三氧化硫已作定量限制，而游离氧化钙对安定性的影响不仅与其含量有关，还与水泥的煅烧温度有关，故难以定量。而沸煮可加速氧化钙的熟化，故需用沸煮法检验水泥的体积安定性，测试方法可以用试饼法也可用雷氏法。有争议时以雷氏法为准。

③ 强度。

各类、各强度等级水泥的各龄期强度应不低于表3-5的数值。

通用硅酸盐水泥各龄期的强度要求（MPa） 表3-5

品　　种	强度等级	抗压强度		抗折强度	
		3d	28d	3d	28d
硅酸盐水泥	42.5	17.0	42.5	3.5	6.5
	42.5R	22.0		4.0	
	52.5	23.0	52.5	4.0	7.0
	52.5R	27.0		5.0	
	62.5	28.0	62.5	5.0	8.0
	62.5R	32.0		5.5	
普通硅酸盐水泥	42.5	17.0	42.5	3.5	6.5
	42.5R	22.0		4.0	
	52.5	23.0	52.5	4.0	7.0
	52.5R	27.0		5.0	
矿渣硅酸盐水泥 火山灰质硅酸盐水泥 粉煤灰硅酸盐水泥 复合硅酸盐水泥	32.5	10.0	32.5	2.5	5.5
	32.5R	15.0		3.5	
	42.5	15.0	42.5	3.5	6.5
	42.5R	19.0		4.0	
	52.5	21.0	52.5	4.0	7.0
	52.5R	23.0		4.5	

（4）细度（选择性指标）。

硅酸盐水泥和普通硅酸盐水泥以比表面积表示，不小于300m^2/kg；矿渣硅酸盐水泥、火山灰质硅酸盐水泥、粉煤灰硅酸盐水泥和复合硅酸盐水泥以筛余表示，80μm 方孔筛筛余不大于 10% 或 45μm 方孔筛筛余不大于 30%。

63.《通用硅酸盐水泥》标准取消了普通水泥中 32.5 和 32.5R 强度等级有何意义？

国家质检总局、国家标准化委员会 2007 年联合发布的《通用硅酸盐水泥》标准中，除了在生产等方面作了更为详细和严格的规定外，最为关注的是取消了普通水泥中 32.5 和 32.5R 强度等级。这对加速淘汰落后产能有重要意义。立窑水泥生产是落后产能的主体，由于生产工艺等方面的原因，其生产 42.5 等级以上高强度等级水泥在质量、性能、稳定性方面与新型干法窑有较大差距，因此，其以生产 32.5 普通水泥为主，以适应对水泥质量要求并不高的建筑施工领域的市场。取消普通水泥强度等级中 32.5 和 32.5R 两个强度等级实际上是提高了立窑水泥等落后产能进入市场的门槛。

64. 水泥是否越细越好？

一般来讲，在矿物组成相同的条件下，水泥磨得越细，水泥平均颗粒粒径越小，比表面积越大，水泥水化时与水的接触面越大，水化速度越快，水化反应越彻底。相应地，水泥凝结硬化速度就越快，从而有利于强度的发展，特别是早期强度就越高。但是，水泥磨得越细，其 28d 水化热也越大，硬化后的收缩值也越大。如果水泥颗粒过细，比表面积过大，水泥浆体达到相同流动度的需水量过多，反而影响了水泥的强度。

65. 引起水泥安定性不良的原因有哪些？如何检测？

安定性是指水泥在凝结硬化过程中体积变化的均匀性。当水泥浆体硬化过程发生了不均匀的体积变化，会导致水泥石膨胀开裂、翘曲，即安定性不良。安定性不良的水泥会降低建筑物质量，甚至引起严重事故。引起水泥安定性不良的原因有三个：

① 熟料中游离氧化镁过多。水泥中的氧化镁（MgO）在水泥凝结硬化后，会与水生成 $Mg(OH)_2$。该反应比过烧的氧化钙与水的反应更加缓慢，且体积膨胀，会在水泥硬化几个月后导致水泥石开裂。② 石膏掺量过多。当石膏掺量过多时，水泥硬化后，在有水存在的情况下，它还会继续与固态的水化铝酸钙反应生成高硫型水化硫铝酸钙（俗称钙矾石，简写成 AFt），体积约增大 1.5 倍，引起水泥石开裂。③ 熟料中游离氧化钙过多。水泥熟料中含有游离氧化钙，其中部分过烧的氧化钙 CaO 在水泥凝结硬化后，会缓慢与水生成 $Ca(OH)_2$。该反应体积膨胀，使水泥石发生不均匀体积变化。

上述物质均在水泥硬化后开始或继续进行水化反应，其反应产物体积膨胀而使水泥石开裂，甚至引起严重质量事故。

安定性试验可以用标准法（雷氏法）和代用法（试饼法），有争议时以标准法为准，同时限制水泥中氧化镁的含量及三氧化硫的含量不得超过规定值。雷氏法是测定水泥净浆在雷氏夹中沸煮后的膨胀值。试饼法是观察水泥净浆试饼沸煮后的外形变化来检验水泥的体积安定性。

66. 某些安定性不合格的水泥，在存放一段时间后变为合格，为什么？

某些安定性轻度不合格的水泥，一般是因为水泥磨制后的存储时间较短，残存的游离氧化钙未完全水化消解所致。这些水泥在空气中放置 2~4 周以上，水泥中的部分游离氧化钙可吸收空气中的水蒸气而水化（或消化），即在空气中存放一段时间后由于游离氧化钙的含量减少，其膨胀作用减小或消除，因此该水泥的体积安定性有可能由轻度不合格变为合格。

必须注意的是，这样的水泥在重新检验并确认所有性能均符合要求后方可按照标定的强度等级使用。当然，并不是说，安定性不合格的水泥存放一段时间后都会变合格，这一点应特别注意。

67. 测定水泥凝结时间和安定性前为何必须作水泥标准稠度用水量？

水泥的凝结时间和安定性与水泥浆的水灰比有关。用水量过多，水泥水化速度虽然加快，但水泥颗粒间距离加大，凝结时间反而延长。而当水泥安定性介于合格与不合格之间时，加大水灰比，则水泥的安定性表现为合格。故先测定水泥标准稠度用水量，以相同的条件来测定水泥的凝结时间与安定性。

68. 什么是水泥的假凝现象？水泥假凝与快凝有何不同？

假凝是指水泥的一种不正常的早期固化或过早变硬现象。假凝与快凝不同。假凝放热量甚微，且经剧烈搅拌后凝结固化现象消失，浆体可恢复塑性，并达到正常凝结。水泥快凝大量放热，且浆体塑性不可恢复。

假凝现象与很多因素有关，一般认为主要是由于水泥粉磨时磨机内温度过高（>110℃），使二水石膏脱水成半水石膏，而半水石膏凝结很快的缘故。当水泥拌水后，半水石膏迅速水化为二水石膏，形成针状结晶网状结构，从而引起浆体固化。另外，混凝土拌合物温度过高（寒冷地区冬期施工时用温水搅拌混凝土）以及某些含碱较高的水泥，硫酸钾与二水石膏生成钾石膏迅速长大，也会造成假凝。

69. 某水泥游离氧化钙含量较高且快凝，放置1个月后凝结时间正常而强度下降，何故？

该水泥是立窑水泥厂生产的普通硅酸盐水泥，游离氧化钙含量较高，其中相当部分是煅烧温度较低的游离氧化钙。加水拌合后，水与氧化钙迅速反应生成氢氧化钙，并放出水化热，使浆体的温度升高，加速了其他熟料矿物的水化速度。从而产生了较多的水化产物，形成了凝聚—结晶网结构，所以短时间凝结。

水泥放置一段时间后，吸收了空气中的水汽，大部分氧化钙生成氢氧化钙，或进一步与空气中的二氧化碳反应，生成碳酸钙。故此时加入拌合水后，不会再出现原来的水泥浆体温度升高、水化速度过快、凝结时间过短的现象。但其他水泥熟料矿物也会和空气中的水汽反应，部分产生结团、结块，使强度下降。

70. 水泥的强度可否进行快速检测？如何进行水泥强度的快速检验？

为了尽快掌握水泥的强度信息，不至于影响工程进度，可进行水泥强度的快速检测。在水泥快速检测强度值、安定性和凝结时间均合格的情况下，可批准水泥提前使用，但必须要求试验室测出水泥 28d 实际强度值，因为目前有少数水泥实测 3d 或 7d 强度值合格，而 28d 强度却达不到商品强度等级的要求，如不检测 28d 实际强度值，就有可能埋下工程隐患。当发现实测 28d 强度值低于标准值时，要及时研究分析，并采取必要的补救措施。

水泥强度的快速检验可以根据标准《水泥强度快速检验方法》(JC/T 738—2004) 进行。

71. 影响硅酸盐水泥水化热的因素有哪些？水化热的大小对水泥的应用有何影响？

水泥在水化反应中放出的热量称为水化热。影响硅酸盐水泥水化的因素主要有硅酸三钙、铝酸三钙的含量及水泥的细度。硅酸三钙、铝酸三钙的含量越高，水泥的水化热越高；水泥的细度越细，水化放热速度越快。

水化热大的水泥不得在大体积混凝土工程中使用。混凝土是热的不良导体，水泥水化放出的热量在混凝土内部不易放出，特别是在大体积混凝土工程中，由于水化热积聚在内部不易散发而使其内部温度急剧升高，造成内外温差过大（可达 50~80℃），混凝土的里表温度变形不一致，里胀表缩，产生明显的温度应力，当温度应力达到一定限度时，混凝土就会产生裂缝，严重降低其强度和其他性能。但水化热对冬期施工的混凝土有利，能加快早期强度增长，使其抵御初期受冻的能力有所提高。

72. 硬化的水泥石中，水泥熟料颗粒是否完全水化？

水泥的水化和凝结硬化是从水泥颗粒表面开始，逐渐往水泥颗粒的内核深入进行的。开始时水化速度快，水泥的强度增长也较快；但由于水化不断进行，堆积在水泥颗粒周围的水化物不断增多，阻碍水和水泥未水化部分的接触，水化减慢，强度增长也逐渐减慢，但无论时间多久，水泥颗粒的内核很难完全水化。因此，在硬化水泥石中，同时包含有水泥熟料的水化产物、未水化的水泥颗粒、孔隙、自由水和吸附水，它们在不同时期相对数量的变化，使水泥石的性质随之改变。

73. 如何提高硅酸盐水泥石的防腐蚀性能？

硅酸盐水泥硬化后形成的水泥石，在通常使用条件下，有较好的耐久性。但在某些液体或气体作用下，会发生腐蚀，导致强度降低，甚至破坏。

引起水泥石腐蚀的原因很多，其中有：软水的侵蚀、硫酸盐的腐蚀、镁盐的腐蚀、无机酸中的盐酸、氢氟酸、硝酸、硫酸和有机酸中的醋酸的腐蚀、碳酸腐蚀以及强碱（如氢氧化钠）的腐蚀。

在实际工程中，水泥石的腐蚀是一个极为复杂的物理化学作用过程，水泥石发生腐蚀的根本原因有：① 外部存在侵蚀介质；② 内部因素是水泥石中存在易被侵蚀的氢氧化钙和水化铝酸钙；③ 水泥石本身不密实，存在很多侵蚀性介质易于进入内部的毛细孔道。从而使钙离子流失，水泥石受损，胶结能力下降；或者有膨胀性产物生成，引起胀裂破坏。

根据以上腐蚀发生的根本原因的分析，可采用下列措施，减少或防止水泥石的腐蚀：

（1）根据侵蚀环境特点，合理选用水泥及熟料矿物组成。例如，对于软水的侵蚀，可采用掺入活性混合材的水泥，这些水泥的水化产物中氢氧化钙含量较少，耐软水侵蚀性强。对于抗硫酸盐的腐蚀，则可采用硫铝三钙含量低的水泥。

（2）提高水泥石的密实度，改善孔结构。硬化水泥石是一多孔体系，腐蚀性介质通常是靠渗透进入水泥石内部，从而使水泥石腐蚀的。因此，提高水泥石的密实度，是阻止腐蚀性介质进入水泥石内部，提高水泥耐腐蚀性的有力措施。在减少孔隙率，提高密实度的同时，要尽量减少毛细孔，减少连通孔，以提高抗蚀性。

（3）加做保护层。当腐蚀作用较强时，可用耐酸石料和耐酸陶瓷、玻璃、塑料、沥青等耐腐蚀性好的材料，在混凝土及砂浆表面做不透水的保护层，防止腐蚀性介质与水泥石接触。

74. 为什么流动的软水对水泥石有腐蚀作用？

水泥石中的绝大部分是不溶于水的，其中的氢氧化钙溶解度也很低，在一般的水中，水泥石表面的氢氧化钙和水中的碳酸氢盐反应，生成碳酸钙，填充在毛细孔中，并覆盖在水泥石的表面，对水泥石起保护作用。因此，水泥石在一般水中是难以腐蚀的。但水泥石长期与雨水、雪水、蒸馏水、工厂冷凝水等含碳酸氢盐少的软水相接触，会溶出氢氧化钙。在静水及无水压的情况下，溶出的氢氧化钙在水中很快饱和，溶解作用会中止，溶出将只限于表层，对水泥石影响不大。如果有流水及压力水作用，氢氧化钙不断溶解流失，而且由于水泥石中碱度的降低还会引起其他水化物的分解溶蚀，使水泥石进一步破坏，以致全部溃裂。此为软水侵蚀，又称溶出性侵蚀。

75. 几种通用硅酸盐水泥的特性和适用范围有何异同？

几种通用硅酸盐水泥的性能特点及其适用范围见表3-6。

几种通用硅酸盐水泥的特性与适用范围　　　表 3-6

	硅酸盐水泥	普通水泥	矿渣水泥	火山灰水泥	粉煤灰水泥
特性	早期强度高；水化热较大；抗冻性较好；耐蚀性差；干缩性较小	与硅酸盐水泥类同	早期强度较低，后期强度增长较快；水化热较低；耐热性好；耐蚀性较强；抗冻性差；干缩性较大；泌水较多	早期强度较低，后期强度增长较快；水化热较低；耐蚀性较强；抗渗性好；抗冻性差；干缩性大	早期强度较低，后期强度增长较快；水化热较低；耐蚀性较强；干缩性较小；抗裂性较高；抗冻性差
适用范围	一般土建工程中钢筋混凝土及预应力钢筋混凝土结构；受反复冰冻作用的结构；配制高强混凝土	与硅酸盐水泥基本相同	高温车间和有耐热耐火要求的混凝土结构；大体积混凝土结构；蒸汽养护的构件；有抗硫酸盐侵蚀要求的工程	地下、水中大体积混凝土结构和有抗渗要求的混凝土结构；蒸汽养护的构件；有抗硫酸盐侵蚀要求的工程	地上、地下及水中大体积混凝土结构；蒸汽养护的构件；抗裂性要求较高的构件；有抗硫酸盐侵蚀要求的工程
不适用范围	大体积混凝土结构；受化学及海水侵蚀的工程	与硅酸盐水泥基本相同	早期强度要求高的工程；有抗冻要求的混凝土工程	处在干燥环境中的混凝土工程；其他同矿渣水泥	有抗碳化要求的工程；其他同矿渣水泥

76. 采用蒸汽养护的混凝土预制构件宜选用何种水泥？

采用蒸汽养护的混凝土预制构件宜优先选用矿渣水泥、火山灰水泥、粉煤灰水泥，因为这些水泥采用湿热养护不仅能提高其早期强度，还能使后期强度也得到提高。硅酸盐水泥一般不宜直接使用湿热养护，因为该水泥在蒸汽的湿热养护下，其早期强度虽然有所提高，但其28d强度比标准条件养护28d的强度低10%～15%，故不宜直接采用湿热养护。若使用硅酸盐水泥制造混凝土预制构件，可考虑掺入粉煤灰、磨细矿渣粉或石英砂粉。

77. 处于干燥环境的混凝土楼板、梁、柱宜选用何种水泥？

处于干燥环境的混凝土楼板、梁、柱宜选用硅酸盐水泥和普通硅酸盐水泥。因为它们硬化时干缩小，不易产生干缩裂纹，可用于干燥环境中的混凝土工程。一般不宜使用火山灰水泥，因为该水泥干缩较大。

78. 高温设备或高炉的混凝土基础宜选用何种水泥？

高温设备或高炉的混凝土基础优先选用矿渣水泥。因为该水泥可以与耐热粗、细骨料配制成耐热混凝土，耐热温度可达1300～1400℃，可用于高温设备或高炉的混凝土基础。

79. 为何矿渣水泥、火山灰水泥的耐腐蚀性优于硅酸盐水泥？

这是因为矿渣水泥、火山灰水泥的熟料含量较少，故水化后生成的易受腐蚀的氢氧化钙和水化铝酸钙较少，再加上矿渣和火山灰等活性混合材与熟料的水化产物氢氧化钙发生反应，即发生"二次水化"，生成水化硅酸钙等水化产物，使水泥石中的氢氧化钙含量大为降低，而氢氧化钙的耐腐蚀性较差。另一方面，二次水化形成较多的水化产物使水泥石结构更为致密，亦提高了水泥石的抗腐蚀能力。

80. 为何粉煤灰水泥的干缩性小于火山灰水泥？

因为两种活性混合材的性质不同。粉煤灰是从煤粉炉烟道气体中收集的粉末，粉煤灰多为表面致密的圆形颗粒。火山灰质混合材料是天然的或人工的以氧化硅、氧化铝为主要成分的矿物质材料，本身磨细加水拌合并不硬化，但与气硬性的石灰混合后，再加水拌合，则不单能在空气中硬化，而且能在水中继续硬化的材料。火山灰质混合材料大多是表面多孔形状不规则的颗粒。一般来说，在水泥浆体达到相同的流动度时，火山灰水泥的需水量较多，从而使硬化后的水泥石干缩性较大。

81. 新出厂的水泥能否立刻使用？

新出厂的水泥不宜立即使用，主要有两个问题：一是因为新出厂的水泥温度一般较高（可达 50～100℃以上），这不仅影响混凝土的工作性，还易产生温缩裂缝；二是需检验合格。因若水泥中残存的游离氧化钙未消解，还可能会引起水泥安定性不良。一些立窑水泥需存放一段时间才使水泥安定性合格。

82. 水泥过期、受潮后如何处理？

水泥在运输与储存时不得受潮和混入杂物。水泥会吸收空气中的水分和 CO_2，并逐步缓慢水化和碳化，降低水泥的有效成分，使强度下降。水泥受潮后会固化成粒状或块状，水化活性降低，导致相同水灰比的水泥石强度降低。对于其中有粉块，用手可捏成粉末的受潮水泥，可以将粉末压碎，经检验后，根据实际强度使用；对于部分结成硬块的水泥，可以将硬块筛除，粉块压碎，经检验后，根据实际强度使用，可用于受力小的部位，或强度要求不高的工程，也可用于配制砂浆；对于大部分结成硬块的水泥，可将硬块压碎磨细，但不能作为水泥使用，可掺入新水泥中作为混合材料使用（掺量小于25%）。

水泥存放期不宜过长。一般储存3个月的水泥，强度下降10.0%～30.0%，6个月水泥强度下降15.0%～30.0%，1年后约降低25%～40%。所以，水泥不宜久存，有效存储期为3个月。超过3个月的水泥使用时必须重新检验，以实测强度为准。

不同品种和强度等级的水泥应分别储运，不得混杂。袋装水泥堆放高度一般不超过10袋，遵循先来先用的原则。散装水泥应有专用运输车，直接卸入现场特制的储仓，分别存放。

83. 如何控制施工中进场水泥的质量？

对施工中使用的水泥应优先采用旋窑生产的合格产品，如立窑生产的水泥，应认真检验其组成及主要指标后使用；对进场水泥在检验生产厂家的试验报告和质量保证书时，重点察看氧化镁、三氧化硫含量及凝结时间、强度和安定性指标，在出厂合格证齐全和化验单符合相应标准基础上，还必须核验进场水泥是否与质量保证书相符合，包装标志是否齐全，水泥是否错进或混进，有否受潮结块现象。在认真检查合格后，按批次抽样送检，检验项目全部合格后方准予拌制混凝土。我国一些地区实施水泥准用证制度，这是对限制外来水泥进入、保护本地产水泥用于工程的宏观控制，它并不能替代出厂水泥100%合格，进入现场的水泥仍必须进行检查。同时，还应根据工程的特点和所处的环境条件综合考虑选择水泥；还要注意，不同生产厂家出厂的相同强度等级的水泥不得混用。

84. 铝酸盐水泥制品为何不宜蒸养？

铝酸盐水泥（高铝水泥）的早期强度发展迅速，适用于工期紧急的工程，如国防、道路和特殊抢修工程等。铝酸盐水泥最适宜的硬化温度为15℃左右，一般不得超过25℃。铝酸盐水泥（高铝水泥）的水化在环境温度低于20℃时主要生成CAH_{10}；在温度20~30℃会转变为C_2AH_8及$Al(OH)_3$凝胶；温度高于30℃时再转变为C_3AH_6及$Al(OH)_3$凝胶。CAH_{10}、C_2AH_8等为介稳态水化产物，C_3AH_6是稳定态的。介稳态的水化产物转变为稳定态水化产物，其固相体积减少，孔隙率大大增加，强度显著降低，当蒸养时就会直接生成C_3AH_6这类强度低的水化产物，故高铝水泥制品不宜蒸养。

85. 道路硅酸盐水泥的矿物组成和性能有何特点？

由较高铁铝酸钙含量的硅酸盐道路水泥熟料，0~10%活性混合材和适量石膏磨细制成的水硬性胶凝材料，称为道路硅酸盐水泥，简称道路水泥。对道路水泥（Portland cement for road）的性能要求是：耐磨性好、收缩小、抗冻性好、抗冲击性好，有较高的抗折强度和良好的耐久性。道路水泥的上述特性，主要依靠改变水泥熟料的矿物组成、粉磨细度、石膏加入量及外加剂来达到。道路水泥熟料的矿物组成，与普通水泥熟料相比，一般适当提高 C_3S 和 C_4AF 含量，C_4AF 的脆性小，体积收缩最小，提高 C_4AF 的含量，对提高水泥的抗折强度及耐磨性有利。但是，有些国家和水泥厂也不强调提高 C_3S 含量，而主要适当提高 C_4AF 含量和限制 C_3A 含量。

86. 水泥的膨胀与自应力有何差别？其膨胀作用的来源是什么？

膨胀表示水泥在水化硬化过程中体积膨胀，在实用上具有收缩补偿的性能。膨胀水泥的线膨胀率一般在1%以下，相当或稍大于一般水泥的收缩率，可以补偿收缩，故称为收缩补偿水泥或无收缩水泥。自应力表示水泥在水化硬化后体积膨胀，能使砂浆或混凝土在受约束的条件下产生可资应用的化学预应力性能。自应力水泥的线膨胀率一般为1%~3%，膨胀率较大，自应力水泥砂浆或混凝土膨胀变形稳定后的自应力值不小于2.0MPa。自应力硅酸盐水泥是以适当比例的硅酸盐水泥或普通硅酸盐水泥、铝酸盐水泥和天然二水石膏磨制而成的膨胀性的水硬性胶凝材料，称为自应力硅酸盐水泥。自应力硅酸盐水泥根据28d自应力值大小，分为 S_1、S_2、S_3、S_4 四个能级。

使水泥产生膨胀的反应主要有三种：CaO 水化生成 $Ca(OH)_2$、MgO 水化生成 $Mg(OH)_2$ 以及形成钙矾石，因为前两种反应产生的膨胀不易控制，目前广泛使用的是以钙矾石为膨胀组分的各种膨胀水泥。

87. 某工地需使用膨胀水泥,但刚好缺此产品,请问可以采用哪些方法予以解决?

大批量生产的膨胀水泥调节不同需求的膨胀量较困难。为适应不同工程的需求,可掺一些石膏粉于普通硅酸盐水泥中,水泥水化可形成较多的钙矾石而产生微膨胀,但石膏的加入量应作试验来确定,且必须搅拌均匀方可使用。另外,也可使用混凝土外加剂——膨胀剂,如我国较著名的 U 型膨胀剂(UEA)。例如,我国驻孟加拉国大使馆工程地下室、楼板、公寓、地下室、室外游泳池、观赏池的混凝土中采用内掺 UEA 膨胀剂防水混凝土,掺入量为水泥量的 12%。经长时间使用未发现混凝土收缩裂缝,使用效果好,被评为使馆建设"优质样板"工程。还需说明的是,膨胀剂的应用除需正确选用品种、配比外,还需合理养护等一系列技术措施。

88. 四种白色粉末为生石灰粉、石灰石粉、建筑石膏和白水泥,其标签已脱落,如何辩认?

鉴别这四种白色粉末的方法很多,主要是根据四者的特性来加以区别。取相同质量的四种粉末,分别加入适量的水拌合为同一稠度的浆体。其中放热量最大而且有大量水蒸气产生的为生石灰粉;在 5~30min 内凝结硬化并具有一定强度的为建筑石膏;在 45min~12h 内凝结的为白色硅酸盐水泥;加水后无任何反应的为白色石灰石粉。

第四章 混凝土与砂浆

89. 什么是混凝土？高性能混凝土就是高强混凝土吗？

混凝土是由胶凝材料、水和粗、细集料按适当比例配合、拌制成拌合物，经一定时间硬化而成的人造石材。混凝土的抗压强度高，而抗拉强度却很低，一般而言，混凝土的抗拉强度只有其抗压强度的 1/20~1/8。混凝土破坏时具有明显的脆性性质。

混凝土种类繁多，按所用胶凝材料种类不同可分为：水泥混凝土、石膏混凝土、水玻璃混凝土、沥青混凝土和聚合物混凝土等。

混凝土按体积密度的大小可分为：①重混凝土：干体积密度大于 2600kg/m³，是用重晶石、铁矿石和钢屑等作集料制成的混凝土，对 X 射线和 γ 射线有较高的屏蔽能力；②普通混凝土：干体积密度为 1950~2500kg/m³，是用普通的砂、石作集料配制成的混凝土。在土木工程中应用最广，广泛应用于房屋、桥梁、大坝、路面等各种工程结构；③轻混凝土：干体积密度小于 1950kg/m³，是采用轻集料或引入气孔制成的混凝土，包括轻集料混凝土、多孔混凝土和大孔混凝土。强度等级较高的轻混凝土可用于桥梁、房屋等承重结构，强度等级较低的轻混凝土主要作隔热保温用。

混凝土按施工工艺可分为：泵送混凝土、喷射混凝土、碾压混凝土等。

混凝土按用途不同可分为：结构混凝土、防水混凝土、道路混凝土、耐酸混凝土、耐热混凝土、防辐射混凝土等。

特别要说明的是高性能混凝土。高性能混凝土一般有两方面的要求：一是其新拌混凝土有好的工作性；二是硬化混凝土不仅有高强度，而且有好的耐久性。高强混凝土仅仅对强度有要求，故不等同于高性能混凝土。

90. 普通混凝土各组成材料在混凝土硬化前后起哪些作用？

普通混凝土一般是由水泥、砂、石和水所组成，为改善混凝土的某些性能还常加入适量的外加剂和掺合料。混凝土各组成材料在混凝土中起着不同的作用。水泥和水组成水泥浆，包裹在骨料的表面并填充在骨料的空隙中。在混凝土拌合物中，水泥浆起润滑作用，赋予混凝土拌合物流动性，便于施工；在混凝土硬化后起胶结作用，把砂、石胶结为一个整体，使混凝土具有一定的强度、耐久性等性能。砂、石对混凝土起骨架的作用，可以降低水泥用量、减小干缩、提高混凝土的强度和耐久性。

91. 普通混凝土中的水泥是如何选用的？为什么配制混凝土的水泥强度不宜过高或过低？

水泥是混凝土中很重要的组分，对于水泥的合理选用包括两个方面：①水泥品种的选择：配制混凝土时，应根据混凝土工程性质、部位、施工条件、环境状况等，按各品种水泥的特性作出合理的选择；②水泥强度等级的选择：水泥强度等级的选择应与混凝土设计强度等级相适应。若用低强度等级的水泥配制高强度等级混凝土，不仅会使水泥用量过多，还会对混凝土产生不利影响。反之，用高强度等级的水泥配制低强度等级混凝土，若只考虑强度要求，会使水泥用量偏少，从而影响耐久性能；若水泥用量兼顾了耐久性等要求，又会导致强度过高而不经济。因此，根据经验，配制一般混凝土时，一般以选择的水泥强度等级标准值为混凝土强度等级标准值的1.5~2.0倍为宜。但配制高强和高性能混凝土不受此约束。

92. 水泥混凝土道路表面较易磨损且较多裂纹与普通水泥的熟料矿物有何关联？

普通硅酸盐水泥熟料矿物组成对水泥混凝土路面的表面磨损

及干缩有重要影响。例如,某使用一年多的水泥混凝土道路表面磨损较严重且较多裂纹。水泥混凝土所用的普通硅酸盐水泥熟料矿物组成分别为 C_3S 53%、C_2S 25%、C_3A 15%、C_4AF 7%。从该混凝土所选用的水泥的熟料矿物组成来分析,其中 C_3A 含量较高。C_3A 的水化产物耐磨性较差、干缩较大,由此可见该水泥选用不当。

93. 为何有的斜拉索内上段水泥浆体会长期不凝结硬化?

广东某斜拉桥于 1989 年竣工,1995 年 5 月该桥 15 号南西拉索自行坠落,9 号南西拉索明显松弛。后检查其他拉索大都已受到不同程度的腐蚀,需陆续更换。通过现场检查,斜拉索内下段水泥浆体已硬化,但上段水泥浆体 6 年多仍未凝结硬化。编著者经取样检测分析及模拟试验,研究了斜拉索内上段水泥浆体 6 年多仍未凝结硬化的原因。

(1) 斜拉索内水泥浆体的结构组成与微观形貌

该斜拉索内的水泥浆体主要组成为普通硅酸盐水泥和水,水灰比 0.34;另 FDN 减水剂为水泥的 0.85%,石英粉为水泥的 1.5%,引气剂铝粉为水泥的 0.003%。对不同区段的水泥浆体作 X 射线衍射分析及扫描电子显微镜微观形貌观察,发现上段未凝结水泥浆体与下段已凝结硬化的水泥浆体有明显的差别。试验结果如图 4-1 和图 4-2 所示。

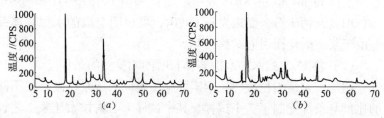

图 4-1 斜拉索内浆体 XRD 衍射图
(a) 下段已凝结硬化浆体;(b) 上段未凝结浆体

图 4-2 水泥浆体微观形貌图
（a）下段水泥浆体图（×3000）；（b）上段水泥浆体图（×3000）

从图 4-1 中可见，上段未凝结水泥浆体的主要水化产物为 C-S-H、$Ca(OH)_2$ 及钙矾石；下段已硬化的水泥浆体的主要水化产物为 C-S-H、$Ca(OH)_2$，另有少量石英而未发现钙矾石，C-S-H 的量相对较多。

从图 4-2 中看到，下段已凝结硬化的水泥浆体的主要水化产物为呈板片状的 $Ca(OH)_2$ 及针杆状、纤维状的 C-S-H。而上段未凝结的水泥浆体未能形成凝聚结构，水化产物为互不搭接的多孔团粒状物。

分段测定水泥浆体的 pH 值，其 pH 值均在 12.0 ~ 12.5 之间。水泥浆体若产生碳酸化（简称碳化），其明显的特征是碱度降低，且必然会产生 $Ca(OH)_2$ 变为 $CaCO_3$ 的过程，从未凝结的水泥浆体高 pH 值及 XRD 分析，已证实其水化产物为 C-S-H、$Ca(OH)_2$ 及钙矾石，而未发现 $CaCO_3$，可说明上段的水泥浆体并非由于浆体碳化而引起结构破坏。

（2）掺 FDN 减水剂水泥浆体长时间不凝结的条件

用与广东某斜拉桥斜拉索实际施工类同的压浆材料，按不同的比例与条件配制了 7 个试样。其中试样 1 与斜拉索压浆工艺设计配方类同，分别置于瓶内，检测其凝结时间及现象。试样工艺配方及试验条件见表 4-1。

试样工艺配方与试验条件 表4-1

编号	水	普通水泥	FDN减水剂	铝粉	石英粉	条件
1	0.34	1	0.0085	0.00003	0.015	密闭
2	0.34	1	0.0255	0.00003	0.015	密闭
3	1.02	1	0	0.00003	0.015	密闭
4	0.68	1	0.0170	0.00003	0.015	密闭
5	1.02	1	0.0255	0.00003	0.015	密闭
6	0.68	1	0.0170	0	0	密闭
7	0.68	1	0.0170	0.00003	0.015	敞开

试样1与该桥拉索压浆工艺配方类同，试样2的FDN减水剂浓度增为3倍，水灰比不变。试验结果表明，试样1凝结正常；试样2终凝延长约12h，但仍可凝结硬化。

试样3不含FDN减水剂，采用大水灰比。其固液两相明显离析，上层为透明液体，下层为沉降后的水泥浆体。水泥浆体于23h内可达终凝，且硬化后浆体亦具相当强度。可见大水灰比不足以成为水泥浆体长时间不凝结的惟一条件。

试样4和试样5的溶液中FDN高效减水剂浓度与试样1相同，但水灰比大于试样1，即相对于水泥而言，其水量及FDN减水剂量均增大。在密闭条件下，水泥浆体出现明显离析，下层水泥浆体仍可凝结硬化，但上层浆体则超过2年仍未凝结。其中试样5上层的不凝结浆体量相对较多。试样6不含铝粉和石英粉，情况与试样4类似，但上层的不凝结的水泥浆量较试样4少些。可见铝粉与石英粉并不是直接影响凝结的主要因素。

试样7配方与试样4同，但为敞开。初期情况与试样4类同，后来水分挥发，上层塑性浆体变为干粉状，强度甚低。

对试样4上段水泥浆体及斜拉索内上段未凝结水泥浆体作扫描电镜观察，其微观形貌类同，均有别于一般凝结硬化的水泥浆体，均为互不搭接的多孔短绒毛状的团粒，未能形成凝聚结构。

综上所述，掺 FDN 减水剂水泥浆体会长时间成为不凝结塑性浆体的条件为：含一定浓度的 FDN 减水剂、较大的水灰比及密闭条件。

(3) 斜拉索上段浆体长时间为不凝结塑性浆体原因分析

把两根直径 1.8cm、长 350cm 的透明塑胶管分别在倾角 30°及竖直的条件下固定。用与原实际施工类同的材料配方压灌浆，冒浆后密闭。对比试验证实，当胶管在竖直的情况下，管内压灌注的水泥浆体没有出现那种上段长时间不凝结塑性浆体的现象。而在倾角 30°的情况下，上段管内出现一小段液相。紧接着有一小段长时间不凝结的塑性浆体。这与斜拉索内出现的异常现象基本吻合。从透明塑胶管外可观察到，该斜放胶管灌浆后，浆体有少量的泌水。而这些水分汇集到胶管的上侧内壁，进而形成一条自下而上的小通道，使液相汇集于胶管的上段。而竖直的胶管则无此现象。可见，斜拉索压灌浆与竖直管道压灌浆是有明显差别的。

经检测证实，斜拉索内浆体的含水量是由下而上逐步增加的。即斜拉索内的浆体产生固液相的离析，含 FDN 减水剂的液相富集于拉索上段。从而使这部分的浆体满足了含一定浓度 FDN 减水剂且较大水灰比的条件。拉索冒浆后，把其冒浆孔严密封闭，又满足了密闭条件。从而产生了上段水泥浆体长达 6 年多仍为不凝结塑性浆体的异常现象。由于此现象以前未有报道，当时未能认识在倾斜管道内浆体会易于出现液相的离析富集，更未能认识掺 FDN 减水剂的水泥浆体在特定条件下会产生此异常现象，这正是认识的关键原因。

还需说明的是，当时曾于施工前拟作有关的斜拉索压灌浆试验，但由于资金及认识等原因而取消了此关键试验，以至失去事前发现问题并予以防范的机会。而施工后由于赶工通车等原因，对拉索内浆体未能作认真地检查，且 6 年多来一直未检查，从而导致了斜拉桥钢索的腐蚀失效。

94. 集料的主要技术性质有哪些？它们是如何影响混凝土性能的？

集料的主要技术性质包括：颗粒级配及粗细程度、颗粒形态和表面特征、强度、坚固性、含泥量、泥块含量、有害物质及碱集料反应等。集料的各项性能指标直接影响到混凝土的施工性能和使用性能。

（1）在配制混凝土时，集料的颗粒级配和粗细程度这两个因素应同时考虑。当集料的级配良好且颗粒较大，则使空隙及总表面积均较小，这样的集料比较理想，不仅水泥浆用量较少，而且还可提高混凝土的密实性与强度。

（2）集料，特别是粗集料的颗粒形状和表面特征对水泥混凝土和沥青混合料的性能有显著的影响。

（3）粗集料在水泥混凝土中起骨架作用，应具有一定的强度。

（4）集料的坚固性对混凝土的性能也有一定的影响。

（5）集料中的含泥量与泥块含量过大，会妨碍水泥石与集料的粘结，降低混凝土强度。

（6）集料中应对有害杂质含量加以限制；否则，会降低混凝土的强度，加大混凝土的干缩，降低抗渗性和抗冻性。

（7）碱集料反应对混凝土的性能也有很大影响。

（8）在拌制混凝土时，由于集料的含水状态的不同，将影响混凝土的用水量和集料用量。

95. 为何海工混凝土使用的集料尤其需要作碱集料反应活性试验？

碱性氧化物与混凝土集料中活性组分之间的化学作用通常称为碱集料反应。所生成的凝胶可不断吸水，体积相应不断膨胀，会把水泥石胀裂。其反应较多的是集料中夹杂着活性氧化硅与碱反应，生成碱-硅酸凝胶，称碱硅酸盐反应。

普遍认为发生碱集料反应须同时具备下列三个必要条件：一是碱含量高；二是集料中存在活性组分，如活性二氧化硅；三是环境潮湿，水分渗入混凝土。

海水含大量的钠钾等离子，呈弱碱性，如果海工混凝土中使用了碱活性集料，即使混凝土本身碱含量低，也会因海水渗透而发生碱集料反应，引起混凝土开裂。

如作者曾研究了珠三角沿海地区某使用三十多年的跨海大桥桥墩的开裂原因。

该混凝土芯样的外观如图4-3所示。

图4-3　混凝土芯样

将混凝土芯样切割成片，见图4-4。

(a)　　　　　　　　　　　　(b)

图4-4　混凝土芯样切割片

从图4-4（a）可见，混凝土芯样切割面有一道裂缝横穿整个横截面，裂缝中有黄白色的半透明凝胶状物质。于实验室放大镜下观察切割断面裂缝，结果见图4-4（b），裂缝中的凝胶状物质黄白色至透明，无固定形貌，外观类似树脂。该凝胶已具有碱-硅酸凝胶的形貌特征。

对芯样切片细裂缝中凝胶进行扫描电镜/能谱分析，试验结果见图4-5。

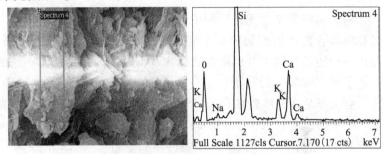

图4-5 芯样细裂缝中的凝胶能谱图

从图4-5可见，扫描电镜/能谱分析结果表明，混凝土芯样切割片细裂缝中黄白色至透明的凝胶的主要成分为Si、Ca和K、Na。这证实了存在碱-硅酸反应的产物——碱硅酸凝胶。该混凝土内部已发生了碱-硅酸反应，并导致产生混凝土开裂。

经偏光显微镜下观察混凝土集料的岩相结构检测证实，该混凝土细集料含有数量较多的波状消光的应变石英，具有较强的碱反应活性。结果见图4-6。

图4-6 芯样混凝土的细集料薄片岩相

综上所述，该跨海大桥桥墩混凝土使用的细集料具明显的碱活性，即使混凝土本身碱含量低，也会因海水渗透而发生碱集料反应，引起混凝土开裂。

96. 为何要限制集料中的含泥量和有关的有害物质？它们对混凝土的性能有何影响？

粗集料需限制含泥量和泥块含量；砂需限制含泥量、石粉含量和泥块含量。粗细集料都不应混有草根、树叶、树枝、塑料、煤块、炉渣等杂物，并要限制硫化物及硫酸盐等有害物质，这都是为了确保混凝土的质量。

含泥量是指天然砂或卵石、碎石中粒径小于 $75\mu m$ 的颗粒含量。砂中的原粒径大于 1.18mm，经水浸洗、手捏后小于 0.60mm 的颗粒含量称为砂的泥块含量；卵石、碎石中原粒径大于 4.75mm，经水浸洗、手捏后小于 2.36mm 的颗粒含量称为卵石、碎石的泥块含量。

集料中的黏土、细屑、淤泥等粉状杂质粘附在表面，妨碍水泥石与集料的粘结，降低水泥石与砂、石界面的粘结强度。

泥块对混凝土性质的影响与上述粉状物的影响基本相同，但对强度和耐久性的影响程度更为严重，因为它在搅拌时不易散开。

集料中不应混有草根、树叶、树枝、塑料、煤块、炉渣等杂物，另外，还对卵石和碎石中的有机物、硫化物及硫酸盐以及砂中的云母、轻物质、氯化物等杂质作出限制。

这是因为硫化物、硫酸盐、有机物及云母等对水泥石有腐蚀作用，会降低混凝土的耐久性。云母及轻物质（表观密度小于 $2000kg/m^3$）本身的强度低，与水泥石粘结不牢，因而会降低混凝土强度及耐久性。

另外，氯离子对钢筋有腐蚀作用，当采用海砂配制钢筋混凝土时，海砂中氯离子含量不应大于 0.06%（以干砂的质量计），对预应力混凝土，则不宜用海砂。

97. 粗集料的强度如何表示？

粗集料在水泥混凝土中起骨架作用，应具有一定的强度。粗集料的强度可用岩石抗压强度和压碎指标值两种方法表示。

岩石抗压强度是指集料制成的边长为50mm的立方体（或直径与高度均为50mm的圆柱体）试件，在饱和水状态下测定的抗压强度值。

压碎指标值是反映粗集料强度的相对指标，在集料的抗压强度不便测定时，常用来评价集料的力学性能。粗集料的压碎指标值是一定粒径的集料试样，在规定的条件下加荷施压后，用孔径2.36mm的筛筛除被压碎的细粒，称出留在筛上的试样质量，精确至1g。按下式计算：

$$Q_e = \frac{G_1 - G_2}{G_1} \times 100$$

式中　Q_e——压碎指标值，%；
　　　G_1——试样的质量，g；
　　　G_2——压碎试验后筛余的试样质量，g。

98. 为什么砂石堆要远离石灰堆？

砂石堆要远离石灰堆主要原因是防止生石灰混入砂石堆。因为生石灰水化为熟石灰，会放热和体积膨胀。若砂石堆混入生石灰，轻则影响混凝土的水化及强度，重则使混凝土开裂。特别是混入生石灰块，问题就更为严重了。

99. 什么是集料的坚固性？采用什么方法进行试验？

坚固性是指集料在自然风化和其他外界物理化学因素作用下抵抗破裂的能力。集料在长期受到各种自然因素的综合作用下，其物理力学性能会逐渐下降。这些自然因素包括温度变化、干湿变化和冻融循环等。对粗集料及天然砂采用硫酸钠溶液法进行试验，对人工砂采用压碎指标值法进行试验。

100. 集料的含水状态如何划分？划分集料的含水状态在工程中有何意义？

集料含水状态可分为干燥状态、气干状态、饱和面干状态和湿润状态四种，如图4-7所示。

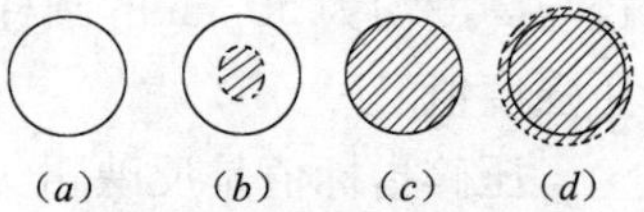

干燥状态：含水率等于或接近于零（图4-7 (a)）；

气干状态：含水率与大气湿度相平衡（图4-7 (b)）；

饱和面干状态：集料表面干燥而内部孔隙含水达饱和（图4-7 (c)）；

湿润状态：集料不仅内部孔隙充满水，而且表面还附有一层表面水（图4-7 (d)）。

图4-7 集料的含水状态
(a) 全干状态 (b) 气干状态
(c) 饱和面干状态 (d) 湿润状态

在拌制混凝土时，由于集料含水状态不同，将影响混凝土的用水量和集料用量。集料在饱和面干状态时的含水率，称为饱和面干吸水率。在计算混凝土中各项材料的配合比时，如以饱和面干集料为基准，则不会影响混凝土的用水量和集料用量，因为饱和面干集料既不从混凝土中吸取水分，也不向混凝土拌合物中释放水分。因此，一些大型水利工程常以饱和面干状态集料为基准，这样混凝土的用水量和集料用量的控制就较准确。

在一般工业和民用建筑工程中混凝土配合比设计，常以干燥状态集料为基准。这是因为坚固的集料其饱和面干吸水率一般不超过2%，而且在工程施工中，必须经常测定集料的含水率，以便及时调整混凝土组成材料实际用量的比例，从而保证混凝土的质量。

101. 骨料颗粒级配良好的标准是什么？

颗粒级配表示集料大小颗粒的搭配情况。在混凝土中，粗骨料石子间的空隙是由砂浆所填充，细骨料砂子的空隙是由水泥浆所填充。砂子的空隙率愈小，则填充的水泥浆量越少，混凝土拌合物达到同样的和易性所需的水泥量较少，可以节约水泥。另外，砂粒的表面是由水泥浆所包裹的。在空隙率相同的条件下，砂粒的比表面积越小，则包裹砂粒所需的水泥浆也就越少，混凝土拌合物达到相同和易性，其水泥的用量较少。

因此，集料的总表面积可以通过集料粗细程度控制，集料间的空隙通过颗粒级配来控制。为达到节约水泥和提高强度的目的，应尽量减少集料的总表面积和集料间的空隙。

集料的级配良好的标准是骨料的空隙率较小而颗粒较大，使得空隙率及总表面积均较小，不仅水泥浆用量较少，经济性好，而且还可提高混凝土的和易性、密实性与强度。

102. 为什么在工程中对粗集料较多采用连续级配，而较少采用间断级配？

粗集料颗粒级配有连续级配与间断级配之分。连续级配是从最大粒径开始，由大到小各级相连，其中每一级石子都占有适当的比例。连续级配的混凝土一般和易性良好，不易发生离析现象，在工程中应用较多。间断级配是各级石子不连续，即省去中间的一二级石子，使大颗粒与小颗粒间有较大的"空档"。间断级配能降低集料的空隙率，可较好地发挥骨架作用而节约水泥，但容易使混凝土拌合物产生离析现象，和易性较差，故工程中应用较少。

103. 如何划分粗砂、中砂和细砂？

细集料按其细度模数可分为粗、中、细三种规格，其细度模数分别为：粗砂（3.7~3.1）、中砂（3.0~2.3）、细砂（2.2~1.6）。细度模数是衡量砂粗细程度的指标。细度模数愈大，表示砂愈粗。其表示式为：

$$细度模数(M_X) = \frac{(A_2 + A_3 + A_4 + A_5 + A_6) - 5A_1}{100 - A_1}$$

式中　　　　　　　　M_X——细度模数；

A_1、A_2、A_3、A_4、A_5、A_6——分别为 4.75mm、2.36mm、1.18mm、600μm、300μm、150μm 筛的累积筛余。

104. 粗集料的形状和表面特征对水泥混凝土性能会有何影响？

粗集料颗粒的形状有浑圆状、多棱角状、针状和片状四种类型的形状。其中，对混凝土性能影响较好的是接近球体或立方体的浑圆状和多棱角状颗粒，这样的颗粒表面积较小，对混凝土流动性有利。而呈细长和扁平的针状和片状颗粒不仅受力时易折断，而且会增加骨料间的空隙，对水泥混凝土的和易性、强度和稳定性等性能有不良影响。因此，在集料中应限制针、片状颗粒的含量。

集料的表面特征又称表面结构，是指集料表面的粗糙程度及孔隙特征等。集料按表面特征分为光滑的、平整的和粗糙的颗粒表面。集料的表面特征主要影响混凝土的和易性和与胶结料的粘结力，表面粗糙的集料制作的混凝土的和易性较差，但与胶结料的粘结力较强；反之，表面光滑的集料制作的混凝土的和易性较好，一般与胶结料的粘结力较差。

碎石表面粗糙且多棱角，而卵石多为椭圆形，表面光滑，碎石的内摩擦力大。在水泥用量和用水量相同的情况下，碎石拌制的混凝土由于自身的内摩擦力大，拌合物的流动性降低，但碎石与水泥石的粘结较好，因而混凝土的强度较高。在流动性和强度相同的情况下，采用碎石配制的混凝土水泥的用量较大。而采用卵石配制的混凝土流动性较好，但强度较低。当水灰比大于 0.65 时，二者配制的混凝土的强度基本上没有什么差异，然而当水灰比较小时强度相差较大。

105. 为何拌制轻质混凝土要加大用水量？

轻质混凝土的骨料与普通混凝土不同，为轻质多孔结构。故轻质混凝土在搅拌和运输过程中，多孔结构的轻骨料会缓慢吸水，导致混凝土和易性变差。所以，配制轻质混凝土时，还应考虑轻骨料的吸水率，一般以 30min 轻骨料吸水率作为骨料的吸水率，需要加大用水量。

106. 混凝土企业设备洗刷水和海水可否用于拌制混凝土？

混凝土拌合用水及养护用水应符合《混凝土用水标准》（JGJ 63—2006）的规定。混凝土用水包括饮用水、地表水、地下水、再生水、混凝土企业设备洗刷水和海水等。其中，再生水是指污水经适当再生工艺处理后具有使用功能的水。对混凝土拌合用水有如下要求。

（1）混凝土拌合用水水质应符合表 4-2 的规定。对于设计使用年限为 100 年的结构混凝土，氯离子含量不得超过 500mg/L；对使用钢丝或经热处理钢筋的预应力混凝土，氯离子含量不得超过 350mg/L。

混凝土拌合用水水质要求　　表 4-2

项　目	预应力混凝土	钢筋混凝土	素混凝土
pH 值	≥5.0	≥4.5	≥4.5
不溶物（mg/L）	≤2000	≤2000	≤5000
可溶物（mg/L）	≤2000	≤5000	≤10000
氯离子（mg/L）	≤500	≤1000	≤3500
硫酸根离子（mg/L）	≤600	≤2000	≤2700
碱含量（mg/L）	≤1500	≤1500	≤1500

注：碱含量按 $Na_2O + 0.658K_2O$ 计算值来表示。采用非碱活性骨料时，可不检验碱含量。

（2）地表水、地下水、再生水的放射性应符合现行国家标准《生活饮用水卫生标准》GB 5749 的规定。

（3）被检验水样应与饮用水样进行水泥凝结时间对比试验。

对比试验的水泥初凝时间差及终凝时间差均不应大于30min；同时，初凝和终凝时间应符合现行通用硅酸盐水泥国家标准的规定。

（4）被检验水样应与饮用水样进行水泥胶砂强度对比试验，被检验水样配制的水泥胶砂3d和28d强度不应低于饮用水配制的水泥胶砂3d和28d强度的90%。

（5）混凝土拌合用水不应有漂浮明显的油脂和泡沫，不应有明显的颜色和异味。

（6）混凝土企业设备洗刷水不宜用于预应力混凝土、装饰混凝土、加气混凝土和暴露于腐蚀环境的混凝土；不得用于使用碱活性或潜在碱活性骨料的混凝土。

（7）未经处理的海水严禁用于拌制钢筋混凝土和预应力混凝土。因海水中含有较多硫酸盐（SO_4^{2-}约2400mg/L），混凝土的凝结速度加快，早期强度提高，但28d及后期强度下降（28d强度降低10%），同时抗渗性和抗冻性也下降。当硫酸盐的含量较高时，还可能对水泥石造成腐蚀，同时，海水中含有大量氯盐（Cl^-约15000mg/L），对混凝土中钢筋有加速锈蚀作用。因此，对于钢筋混凝土和预应力混凝土结构，不得采用海水拌制混凝土。

（8）在无法获得水源的情况下，海水可用于拌制素混凝土，但不宜用于拌制装饰混凝土。因为海水中含有大量的氯盐、镁盐和硫酸盐，混凝土表面会产生盐析而影响装饰效果。

107. 什么是混凝土外加剂？外加剂常用的掺法有哪些？

混凝土外加剂是在拌制混凝土过程中掺入，用以改善混凝土性能的物质。外加剂掺量一般不大于水泥质量的5%（特殊情况除外）。外加剂的掺量虽小，但其技术经济效果却很显著，因此，外加剂已成为混凝土的重要组成部分，被称为混凝土的第五组分，越来越广泛的应用于混凝土中。混凝土外加剂按其主要功能分为四类：

改善混凝土拌合物流变性能的外加剂。包括各种减水剂、引气剂和泵送剂等。

调节混凝土凝结时间、硬化性能的外加剂。包括缓凝剂、早强剂和速凝剂等。

改善混凝土耐久性的外加剂。包括引气剂、防水剂和阻锈剂等。

改善混凝土其他性能的外加剂。如加气剂、膨胀剂、防冻剂、着色剂、防水剂等。

建筑工程上常用的外加剂有：减水剂、早强剂、缓凝剂、引气剂和复合型外加剂等。外加剂的掺入方法有三种：

先掺法：先将减水剂与水泥混合，然后再与集料和水一起搅拌。

后掺法：在混凝土拌合物送到浇筑地点后，才加入减水剂并再次搅拌均匀。

同掺法：将减水剂先溶于水形成溶液后再加入拌合物中一起搅拌。

108. 什么是减水剂的减水机理？常用的减水剂各有何特点？

减水剂是指在保持混凝土拌合物稠度不变的条件下，具有一般减水增强作用的外加剂。常用的减水剂有木质素系减水剂、多环芳香族磺酸盐系减水剂（萘系）和水溶性树脂系减水剂。在保持混凝土拌合物稠度不变的条件下，具有大幅度减水增强作用，其减水率在12%以上称为高效减水剂。

减水剂尽管种类繁多，但都属于表面活性剂，其减水作用机理相似。

表面活性剂有着特殊的分子结构，它是由亲水基团和憎水基团二个部分组成。表面活性剂加入水中，其亲水基团会电离出离子，使表面活性剂分子带有电荷。电离出离子的亲水基团指向溶剂，憎水基团指向空气（或气泡）、固体（如水泥颗粒）或非极性液体（如油滴）并作定向排列，形成定向吸附膜而降低水的表面张力。这种表面活性作用是减水剂起减水增强作用的主要原因。

水泥加水后,由于水泥颗粒在水中的热运动,使水泥颗粒之间在分子力的作用下形成一些絮凝状结构。这种絮凝结构中包裹着一部分拌和水,使混凝土拌合物的拌合水量相对减少,从而导致流动性下降。

水泥浆中加入表面活性剂(减水剂)后有三方面的作用:

首先,减水剂在水中电离出离子后,自身带有电荷,在电斥力作用下,使原来水泥的絮凝结构被打开,把被束缚在絮凝结构中的游离水释放出来,使拌合物中的水量相对增加,这就是减水剂分子的分散作用。

其次,减水剂分子中的憎水基团定向吸附于水泥颗粒表面,亲水基团指向水溶剂,在水泥颗粒表面形成一层稳定的溶剂化水膜,阻止了水泥颗粒间的直接接触,并在颗粒间起润滑作用,提高拌合物的流动性。

此外,水泥颗粒在减水剂作用下充分分散,增大了水泥颗粒的水化面积,使水化充分,从而提高混凝土的强度。

大量试验表明,减水剂品种不同,其作用机理不完全相同。如木钙减水剂可明显降低表面张力,而萘系减水剂则几乎不降低表面张力,但静电斥力提高较大。所以,萘系减水剂的分散力强于木钙减水剂,而润湿作用可能不及木钙减水剂。萘系减水剂的分散力强的本身也有利于提高润湿和润滑作用。

木质素系减水剂的主要品种是木质素磺酸钙(又称 M 型减水剂)。M 型减水剂是由生产纸浆或纤维浆的废液,经发酵处理、脱糖、浓缩、喷雾干燥而成的棕色粉末。

M 型减水剂的掺量,一般为水泥质量的 0.2% ~ 0.4%,当保持水泥用量和混凝土坍落度不变时,其减水率为 10% ~ 15%,混凝土 28d 抗压强度提高 10% ~ 20%;若保持混凝土的抗压强度和坍落度不变,则可节省水泥用量 10% ~ 15% 左右;若保持混凝土配合比不变,则可提高混凝土的坍落度 80 ~ 100mm。

M 型减水剂除了减水之外,还有两个作用:一是缓凝作用。当掺量较大或在低温下缓凝作用更为显著,掺量过多除增强缓凝外，还会导致混凝土强度降低；二是引气作用。M 型减水剂除了减水外还有引气效果，掺用后可改善混凝土的抗渗性、抗冻性，改善混凝土拌合物的和易性，减小泌水性。

M 型减水剂可用于一般混凝土工程，尤其适用于大模板、大体积浇筑、滑模施工、泵送混凝土及夏季施工等。传统的 M 型减水剂不宜单独用于冬期施工，也不宜单独用于蒸养混凝土和预应力混凝土。

多环芳香族磺酸盐系减水剂（萘系），这一类减水剂的主要成分为萘或萘的同系物的磺酸盐与甲醛的缩合物，故又称萘系减水剂。萘系减水剂通常是由工业萘或煤焦油中的萘、蒽、甲基萘等馏分，经磺化、水解、缩合、中和、过滤、干燥而制成。

萘系减水剂的减水、增强效果显著，属高效减水剂。萘系减水剂的适宜掺量为水泥质量的 0.5%～1.0%，减水率为 10%～25%，混凝土 28d 强度提高 20% 以上。在保持混凝土强度和坍落度相近时，则可节省水泥用量 10%～20%。掺用萘系减水剂后，混凝土的其他力学性能以及抗渗性、耐久性等均有所改善，且对钢筋无锈蚀作用。我国市场上这类减水剂的品牌很多，如 NNO、FDO、FDN 等等。其中大部分品牌为非引气性减水剂。

萘系减水剂对不同品种水泥的适应性较强，适用于配制早强、高强及流态混凝土。

水溶性树脂系减水剂是普遍使用的高效减水剂，这类减水剂是以一些水溶性树脂（如三聚氰胺树脂、古马隆树脂）等为主要原料的减水剂。

树脂系减水剂是早强、非引气型高效减水剂，其减水及增强效果比萘系减水剂更好。树脂系减水剂的掺量约为水泥质量的 0.5%～2.0%，减水率为 20%～30%，混凝土 3d 强度提高 30%～100%，28d 强度提高 20%～30%。这种减水剂除具有显著的减水、增强效果外，还能提高混凝土的其他力学性能和混凝土的抗渗性、抗冻性，对混凝土的蒸养适应性也优于其他外加剂。树脂系减水剂适用于早强、高强、蒸养及流态混凝土。

109. 为何使用木质素磺酸盐减水剂和以硬石膏配制的水泥会出现急凝？

某工地以普通的木质素磺酸盐减水剂配制混凝土出现急凝，后改用 FDN 减水剂则无此现象。其原因分析如下：

木质素磺酸钙又称 M 型减水剂，有时和水泥存在一定的相容性问题，会造成水泥的异常凝结。异常凝结现象与很多因素有关，其中水泥中的石膏与铝酸三钙的质量分数对其影响最大。

对于粉磨水泥过程中采用硬石膏或氟石膏作为调凝剂的水泥，在使用木素磺酸盐减水剂时，往往会出现急凝现象。由于硬石膏或氟石膏的表面吸附能高于水泥中 C_3A 和 C_4AF 等矿物，当木质素磺酸盐掺入到采用硬石膏或氟石膏之类配制的水泥中时，该类石膏由于强烈吸附木素磺酸盐而使其表面形成一层阴离子表面活性剂的吸附膜，抑制了硬石膏或氟石膏中硫酸根离子的溶出，导致液相中可溶性硫酸钙不足，因而造成短期内 C_3A 的急剧水化，生成大量的水化铝酸钙结晶体并相互连接而产生速凝。

FDN 减水剂为萘系减水剂，对不同品种水泥的适应性较强，也适用于采用硬石膏或氟石膏作为调凝剂的水泥。

110. 为何有的水泥混凝土路面浇筑完后表面未及时覆盖，其表面会出现微细裂纹？

南方某市政工程队在夏季正午铺筑水泥混凝土路面。该混凝土使用木质素磺酸盐类减水剂。浇筑完后表面未及时覆盖，后发现混凝土表面形成众多表面微细龟裂纹。

这是由于施工时处于夏季正午，天气炎热，混凝土表面水分蒸发过快，易造成混凝土产生急剧收缩。另外，由于使用的木质素磺酸盐类减水剂属缓凝减水剂，其混凝土的早期强度较低，难以抵抗这种变形应力而表面产生塑性收缩裂缝，易形成龟裂。

在夏季施工时，应尽量选在晚上或傍晚，且浇筑混凝土后要及时覆盖养护，增加环境湿度，在满足和易性的前提下尽量降低坍落度。若混凝土已出现塑性收缩裂缝，可于初凝后终凝前两次抹光，然后进行下一道工序并及时覆盖洒水养护。

还需要说明的是，缓凝剂可延缓混凝土凝结时间，但掺量不宜过大，否则，会引起混凝土强度下降。缓凝剂延缓了水泥水化放热速度，有利于大体积混凝土施工，但对不同水泥品种缓凝效果不相同。因此，使用前应进行试验。

111. 有人把木质素磺酸钠直接加入已配好的混凝土，此后混凝土表面硬但内部软，何故？

由以上施工过程分析，这种现象是由于外加剂的不均匀加入造成的。若混凝土拌合物与外加剂搅拌时间不足，搅拌难以均匀，应先把外加剂配成溶液，然后配制混凝土。施工中如出现上述的现象，不必急于处理，可等待一段时间，一般情况下，若掺入的外加剂不太多，经过一段时间，混凝土会全部凝结的，但强度会有所下降。

112. 当原材料不变，现场试验确定的混凝土配合比是否可一直使用？

某工程队于7月份经现场试验确定的混凝土配合比使用1个月情况正常。停工5个月后仍用原配合比，但其凝结时间明显延长，影响了工程进度。

当原材料不变，混凝土的工艺配方也不应一成不变。7~8月份气温较高，水泥水化速度快，适当使用缓凝作用的外加剂是有益的。但到了冬季，气温明显下降，混凝土的凝结时间就大为延长，影响工程进度。解决的办法可考虑改换早强型减水剂或适当降低减水剂用量。

113. 如何从减水剂相容性的角度选择水泥？为何一些立窑水泥与减水剂相容性较差？

水泥与减水剂的相容性一般指减水剂的用量少而混凝土流动度大，且经时（1~2h）损失小，则水泥与减水剂的相容性好；反之，则相容性不好。水泥与减水剂的相容性也可以用饱和点来陈述，即减水剂掺量不大就达到饱和点，且1h后的流动度损失小，则水泥与减水剂的相容性好。所谓饱和点是指减水剂掺量增加到某一数值后再增加其用量，混凝土的流动度不再增加，反而会出现水泥与骨料的离析，这一减水剂用量称为饱和点。

实践中发现，有些水泥掺入减水剂后混凝土坍落度增加不大，需较大的掺量才能使坍落度明显增大；有些则是坍落度经时损失较大，甚至坍落度很快变为零。这些情况都说明，存在着水泥与减水剂相容性问题。影响水泥与减水剂的相容性的因素有：

（1）水泥熟料矿物组成的影响。铝酸盐矿物吸附活性最大（铝酸盐＞铁铝酸盐＞C_3S＞C_2S），吸附较多的减水剂，使其减水作用减小。立窑水泥厂生产的水泥一般采用低硅配方，铝酸盐及铁铝酸盐含量较高，吸附较多的减水剂，使其减水作用减少。

（2）石膏种类的影响。木质素磺酸盐类及蜜糖类的减水剂对石膏，特别是硬石膏的溶解有抑制作用，对单掺硬石膏的水泥会造成急凝。采用二水石膏和硬石膏搭配，对此类减水剂的适应性相对较好。

（3）水泥中碱含量的影响。碱含量高，在相同的减水剂掺量的情况下，其流动性减少。新型干法窑生产的水泥碱含量低，故对减水剂的适应性较好。

（4）混合材种类的影响。煤矸石一类的火山灰质混合材对减水剂的吸附大，使减水剂的作用减弱。一些立窑厂为安定性的问题，常掺入此类混合材，故对减水剂适应性较差。

（5）水泥颗粒级配。水泥颗粒级配合理，掺减水剂的效果更明显。

水泥与减水剂要有良好的相容性,这仅是混凝土对水泥性能需要的一部分,还有其他要求,当与水泥—减水剂间的相容性产生矛盾,需综合考虑。

114. 引气剂的作用机理是什么?掺引气剂后如何保证混凝土强度?

引气剂是指在混凝土的搅拌过程中,能引入大量分布均匀的微小气泡,以减少混凝土拌合物泌水离析,改善和易性,并能提高硬化混凝土抗冻融耐久性的外加剂。

引气剂的作用机理是:含有引气剂的水溶液拌制混凝土时,由于引气剂能显著降低水的表面张力和界面能,使水溶液在搅拌过程中极易产生许多微小的封闭气泡,气泡直径大多在 $200\mu m$ 以下。引气剂分子定向吸附在气泡表面,形成较为牢固的液膜,使气泡稳定而不易破裂。

用于混凝土的引气剂主要分为有机化合物与无机化合物两大类,无机化合物引气剂多为电解质盐类,有机化合物引气剂多为表面活性剂。

引气剂在混凝土中具有以下特性:

(1) 改善混凝土拌合物的和易性。在拌合物中,微小而封闭的气泡可起滚珠作用,减少颗粒间的磨擦阻力,使拌合物的流动性大大提高。若使流动性不变,可减水 10% 左右。由于大量微小气泡的存在,使水分均匀地分布在气泡表面,从而使拌合物具有较好的保水性。

(2) 提高混凝土的抗渗性、抗冻性。引气剂改善了拌合物的保水性,减少拌合物泌水,因此泌水通道的毛细管也相应减少。同时,引入大量封闭的微孔,堵塞或割断了混凝土中毛细管渗水通道,改变了混凝土的孔结构,使混凝土抗渗性显著提高。气泡有较大的弹性变形能力,对由水结冰所产生的膨胀应力有一定的缓冲作用,因而混凝土的抗冻性得到提高,耐久性也随之提高。

(3) 降低混凝土强度。当水灰比固定时,混凝土中空气量每增加1%（体积），其抗压强度下降3%~5%。因此，引气剂的掺量应严格控制，一般应以引气量3%~6%为宜。

（4）降低混凝土弹性模量。由于大量气泡的存在，使混凝土的弹性变形增大，弹性模量有所降低，这对提高混凝土的抗裂性是有利的。

（5）不能用于预应力混凝土和蒸汽（或压蒸）养护混凝土。

混凝土掺引气剂后，流动性提高，可把水灰比降低，让硬化的混凝土该致密的地方致密，以保证其强度。

115. 室内使用功能的混凝土用防冻剂时应注意哪些问题？

《混凝土防冻剂》（JC 475—2004）规定，能使混凝土在负温下硬化，并在规定养护条件下达到预期性能的外加剂为混凝土防冻剂。

混凝土工程可采用下列防冻剂：（1）氯盐类，用氯盐，如氯化钙、氯化钠，或以氯盐为主的与其他早强剂、引气剂、减水剂复合的外加剂；（2）氯盐阻锈剂（亚硝酸钠）为主复合的外加剂；（3）无氯盐类，以亚硝酸盐、硝酸盐、乙酸钠或尿素为主的复合外加剂。

需要指出的是，一些建筑单位在冬期混凝土施工过程中添加了尿素等氨类物质的防冻剂。这些氨类物质在使用过程中逐渐以氨气形式释放出来。当室内空气中含有 $0.3mg/m^3$ 浓度氨时，就会使人感觉有异味和不适；浓度达到 $0.6mg/m^3$ 时，会引起眼结膜刺激等；浓度更高还会引起头晕、头痛、恶心、胸闷及肝脏等多系统的损害。另外，钢筋混凝土必须防止氯盐类防冻剂对钢筋的锈蚀。

我国已制定了国家标准《混凝土外加剂中释放氨的限量》（GB 18588—2001）规定，混凝土外加剂中释放的氨量必须小于或等于0.10%（质量百分数）。该标准适用于各类具有室内使用功能的混凝土外加剂，而不适用于桥梁、公路及其他室外工程用混凝土外加剂。

116. 混凝土使用膨胀剂需注意什么问题？

混凝土中膨胀组分多数为硫铝酸钙、明矾石、石膏，其主要形成可产生膨胀的水化产物为水化硫铝酸钙。也有复合少量CaO，生成$Ca(OH)_2$产生膨胀。但这些膨胀组分都需要有足够的水分才可产生能膨胀的水化产物；另外，水化硫铝酸钙在较高温度时会脱水、收缩，失去膨胀作用。为此，使用膨胀剂应注意以下几点：

（1）掺膨胀剂的水泥混凝土存在一个最佳的水灰比。

（2）掺膨胀剂混凝土养护尤为重要，否则，会引起反作用。

（3）以膨胀剂取代后浇带有一定的局限性。

（4）使用膨胀剂更要搞好施工控制，包括：水灰比、均匀性及养护等。

117. 粉煤灰在混凝土中可产生哪些效应？

粉煤灰由于其本身的化学成分、结构和颗粒形状等特征，在混凝土中可产生下列三种效应。

（1）颗粒形态效应。煤粉在高温燃烧过程中形成的粉煤灰颗粒，大多数为表面光滑的、致密的、细粒的、海绵状的硅铝酸盐玻璃微珠，掺入混凝土中可减小内摩阻力，从而可减少混凝土的用水量，改善和易性。

（2）活性效应。粉煤灰中所含的SiO_2和Al_2O_3具有化学活性，它们能与水泥水化产生的$Ca(OH)_2$发生反应，生成水化硅酸钙和水化铝酸钙，可起增强作用。上述反应多在水泥浆体的孔隙中进行，因此，显著降低了混凝土内部结构中水泥石的孔隙率，也改善了孔结构（连通孔、大孔减少），提高了混凝土的密实性。

（3）微骨料效应。粉煤灰中的细微颗粒均匀分布在水泥浆内，并生成水化产物，与水泥浆体紧密连接，填充孔隙和毛细孔，改善了混凝土的孔结构，增大密实度。

118. 为何不同的粉煤灰对混凝土性能有明显差别？分选与磨细粉煤灰性能有何差别？

国家标准《用于水泥和混凝土中的粉煤灰》(GB 1596—2005)将拌制混凝土和砂浆用粉煤灰分为两类（F类、C类）和三个等级，它们的性能有所差别。I级灰的品位较高，一般是经收尘器收集的，细度较细（80μm以下颗粒一般占95%以上），并富集有大量表面光滑的球状玻璃体。因此，这类粉煤灰的需水量一般小于相同比表面积水泥的需水量，具有一定减水作用，强度活性也较高。II级灰通常颗粒较粗，经加工磨细后方能达到要求的细度。III级灰品位较低，颗粒较粗，减水效果较差。另外，不同燃煤锅炉的粉煤灰性能也有明显差别。其中燃烧温度较低锅炉的粉煤灰往往玻璃相较少，表面光滑的球状玻璃体也较少，这一类粉煤灰的颗粒形态效应往往较差。

分选和粉磨是粉煤灰加工处理常用的两种形式。编著者研究了分选与磨细粉煤灰的颗粒分布与形貌的差异及对水泥胶砂性能的影响。以某电厂的蜗壳式分选机分选所得细粉煤灰 A1 及粗粉煤灰 A2，另将粗粉煤灰 A2 用球磨机粉磨为磨细粉煤灰 A3 进行对比试验。

(1) 分选与磨细粉煤灰的化学组成

分选细粉煤灰 A1 和磨细粉煤灰 A3 的化学组成见表 4-3。

粉煤灰的化学组成（%） 表 4-3

编号	SiO_2	Al_2O_3	Fe_2O_3	CaO	MgO	Na_2O	K_2O	SO_3	烧失量
A1	53.05	24.23	6.84	3.85	0.62	0.23	0.65	0.81	2.50
A2及A3	53.47	21.51	9.65	4.99	0.55	0.19	0.77	0.41	2.60

从表 4-3 可见，分选细粉煤灰 A1 和磨细粉煤灰 A3 的化学成分相近。

(2) 分选与磨细粉煤灰的形貌

粉煤灰 A1、A3 和 A2 的扫描电镜图片如图 4-8、图 4-9 与图 4-10 所示。

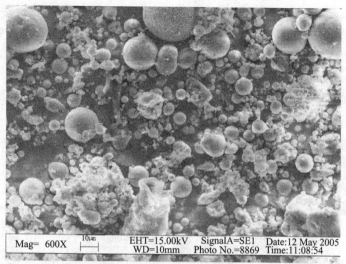

图 4-8　A1 的扫描电镜图片

图 4-9　A3 的扫描电镜图片

由图4-8、图4-9与图4-10可见，分选细粉煤灰A1颗粒形状圆而光滑，不规则颗粒少；分选粗粉煤灰A2圆珠状颗粒少，圆滑程度低，颗粒形状不规则，表面粗糙，一些颗粒相互粘连，且部分大颗粒还包裹着一些细小颗粒;磨细粉煤灰 A3 颗粒尺寸较细,相对于分选粗粉煤灰 A2,颗粒间的粘连减少,但圆珠状颗粒仍少,圆滑程度低,颗粒形状不规则。磨细粉煤灰经机械粉磨,打断小颗粒之间的粘连,使其表观粒度变小,但经粉磨破碎而得到的小颗粒其外形没有冷凝过程中由表面张力作用形成的颗粒外形那么规则,粉磨过程同时也使其表面缺陷增多、表面变得较为粗糙。

图 4-10　A2 的扫描电镜图片

(3) 分选与磨细粉煤灰的比表面积和颗粒分布

分选细粉煤灰 A1、分选粗粉煤灰 A2 和磨细粉煤灰 A3 的勃氏比表面积和颗粒分布见表 4-4。

粉煤灰的比表面积和颗粒分布　　　　　　表 4-4

编号	比表面积 (m^2/kg)	中位径 (μm)	颗粒分布 (%)								
			>80 μm	45~80 μm	30~45 μm	20~30 μm	10~20 μm	8~10 μm	6~8 μm	3~6 μm	0~3 μm
A1	346	19.3	4.60	13.20	20.08	10.50	22.26	9.49	9.84	8.26	1.76
A3	339	29.1	4.20	29.10	15.34	13.85	14.38	6.65	7.14	7.27	2.08
A2	110	62.7	30.8	38.90	9.84	5.59	7.98	2.37	1.75	1.76	1.01

从表 4-4 可见,分选粗粉煤灰 A2 的比表面积最小,中位径和 45μm 筛余值最大。分选细粉煤灰 A1 与磨细粉煤灰 A3 的勃氏比表面积虽然相近,但颗粒分布却有较大差别。磨细粉煤灰 A3 的中位径大于分选细粉煤灰 A1,且其 45μm 筛余值更高。这与

相同筛余值的磨细灰比分选灰有更高的比表面积的意见也是一致的。这是由于磨细粉煤灰的表面粗糙、缺陷多，导致其勃氏比表面积比相近粒径的分选细粉煤灰更高。

（4）分选与磨细粉煤灰对水泥胶砂流动性能的影响

在相同水胶比的条件下，测定分别掺入10%、20%和30%的分选细粉煤灰A1、分选粗粉煤灰A2与磨细粉煤灰A3的水泥胶砂流动度，试验结果见表4-5。

粉煤灰对水泥胶砂流动度的影响（mm） 表4-5

样 品	粉煤灰掺入比例			
	0%	10%	20%	30%
掺A1样品的水泥胶砂流动度	141	146	140	135
掺A3样品的水泥胶砂流动度	141	135	132	129
掺A2样品的水泥胶砂流动度	141	124	113	109

由表4-5结果可知，在相同水胶比的条件下，勃氏比表面积相近的分选细粉煤灰A1与磨细粉煤灰A3对水泥胶砂流动度影响差别较大，掺分选细粉煤灰A1的水泥的胶砂流动度明显大于掺磨细粉煤灰A3的水泥的胶砂流动度。此外，掺分选粗粉煤灰A2的水泥胶砂流动度最低；分选粗粉煤灰磨细后，其水泥胶砂流动度得到明显提高。

粉煤灰用作混凝土掺合料时，对混凝土性能的影响主要是通过三个效应实现的，即：形态效应、微细集料效应和活性效应。粉煤灰对水泥胶砂流动度的影响主要是通过其颗粒的形态效应实现的。从分选粗粉煤灰A2的扫描电镜图片显示出其圆珠状颗粒少，大颗粒数量多，颗粒形状不规则，表面粗糙，一些颗粒相互粘连，且部分大颗粒还包裹着一些细小颗粒，难以发挥出粉煤灰的形态效应，故其水泥胶砂流动度最低；对于分选细粉煤灰A1，其颗粒细小且圆珠状颗粒占主要部分，充分发挥了其颗粒形态的滚珠效应。磨细粉煤灰A3经粉磨之后颗粒变细，尽管与分选细粉煤灰A1的比表面积接近，但经过粉磨后，其颗粒圆滑度下降，而表面粗糙度却上升,此时小颗粒的表面吸附效应遮盖了滚珠效应,故水泥胶砂流动性差于分选细粉煤灰。

(5) 分选与磨细粉煤灰对水泥胶砂强度的影响

在相同水胶比的条件下,分别测定掺入 30% 的分选细粉煤灰 A1、分选粗粉煤灰 A2 与磨细粉煤灰 A3 的水泥胶砂强度,试验结果见表 4-6。

粉煤灰对水泥胶砂强度的影响　　　表 4-6

掺粉煤灰种类	水泥胶砂强度 (MPa)			
	抗折强度		抗压强度	
	3d	28d	3d	28d
A1	4.85	7.84	26.23	44.99
A3	4.54	7.91	24.13	45.96
A2	3.79	5.06	19.63	34.82

从表 4-6 可见,掺磨细粉煤灰 A3 的 3d 水泥胶砂强度略低于掺分选细粉煤灰 A1 的水泥胶砂强度,但 28d 水泥胶砂强度可略高于掺分选细粉煤灰 A1 的水泥胶砂强度。

从表 4-6 还可见到,在相同水胶比的条件下,掺分选粗粉煤灰 A2 的水泥胶砂强度明显低于掺磨细粉煤灰 A3 和掺分选细粉煤灰 A1 的水泥胶砂强度。分选粗粉煤灰 A2 圆珠状颗粒少,大颗粒数量多,颗粒形状不规则,表面粗糙,一些颗粒相互粘连,且部分大颗粒还包裹着一些细小颗粒,难以发挥出粉煤灰的形态效应,不利于试样致密,3d 的水泥胶砂强度必然较低。其 3d 抗压强度比掺磨细粉煤灰 A3 的强度低 18.65%,而 28d 抗压强度比掺磨细粉煤灰 A3 的强度低 24.24%。可见,粉煤灰粉磨后既对形态效应有所改善,还提高了其反应活性。

在相同水泥胶砂流动度 (130±5mm) 的条件下,分别测定掺入 30% 的分选细粉煤灰 A1 与磨细粉煤灰 A3 的水泥胶砂强度,试验结果见表 4-7。

水泥胶砂强度（MPa）　　　　　表 4-7

编号	抗 压 强 度				抗 折 强 度			
	3d	7d	28d	60d	3d	7d	28d	60d
A1	22.4	28.1	39.4	46.3	4.16	5.06	7.85	8.25
A3	18.9	25.9	37.7	48.7	3.80	4.90	7.63	8.73
$G/\%$	15.6	7.8	4.3	-5.2	8.7	3.2	2.8	-5.8

注：$G = (A1 - A3/A1) \times 100\%$。

由表 4-7 结果可知，在相同水泥胶砂流动度的条件下，掺分选细粉煤灰 A1 的 3d、7d 及 28d 的水泥胶砂强度均高于掺磨细粉煤灰 A3 的水泥胶砂强度，但随着龄期的增长，二者的差距逐渐缩小；直至 60d，掺磨细粉煤灰的水泥胶砂强度还高于掺分选细粉煤灰的水泥胶砂强度。可见，随着水化龄期的增长，掺磨细粉煤灰的水泥胶砂强度可赶上并超过掺分选细粉煤灰的水泥胶砂强度。

在自然养护的条件下，粉煤灰的水化速度较慢。在水泥水化初期和早期，粉煤灰的形态效应起了主要作用，而后期则是粉煤灰的化学效应和微集料效应起重要作用。分选细粉煤灰 A1 颗粒较粉磨细粉煤灰 A3 圆珠状颗粒多，表面更为圆滑，更有利于其形态效应的发挥。在相同水胶比或在相同胶砂流动度的条件下，掺分选细粉煤灰的水泥胶砂早期强度均较高，在相同胶砂流动度的条件下，分选细粉煤灰水胶比较小，其差距更为明显。粉煤灰经磨细后其颗粒结构缺陷数量增加，更有利于提高粉煤灰的活性，而粉煤灰的活性效应主要在 28d 及更长的时间才明显反应出来，故在相同水胶比的条件下，掺磨细粉煤灰 28d 水泥胶砂强度略高；在相同水泥胶砂流动度的条件下，掺磨细粉煤灰的水泥胶砂强度随龄期增长与掺分选细灰的差距逐渐缩小，至 60d 时，其水泥胶砂强度还高于掺分选细粉煤灰的水泥胶砂强度。

（6）结论

① 同一煤粉燃烧锅炉的分选细粉煤灰与分选粗粉煤灰不仅仅是颗粒粗细的差别，细粉煤灰多数呈圆珠状，而粗粉煤灰的圆滑程度较差，且部分存在粘连及包裹现象；把粗粉煤灰粉磨成与

分选细粉煤灰勃氏比表面积相近的磨细粉煤灰，其 0.045mm 方孔筛筛余及中位粒径均大于分选细粉煤灰。

② 在相同水胶比的条件下，掺分选粗粉煤灰的水泥胶砂流动度及强度均较低；分选粗粉煤灰磨细后，不仅减少了颗粒的粘连，增加了比表面积，而且提高了粉煤灰的反应活性，提高了水泥胶砂流动度及强度。掺磨细粉煤灰的 3d 水泥胶砂强度虽略低于掺分选细粉煤灰的水泥胶砂强度，但 28d 水泥胶砂强度可略高于掺分选细粉煤灰的水泥胶砂强度。

③ 在相同水泥胶砂流动度的条件下，掺磨细粉煤灰配制的水泥胶砂 3d 强度较低，但随着水化龄期的增长，其差距逐步缩小，至 60d 时其水泥胶砂强度可超过掺分选细粉煤灰的水泥胶砂强度。

119. 石英砂磨细后可否作为混凝土的硅粉使用？

硅灰又称硅粉或硅烟灰，是从生产硅铁合金或硅钢等所排放的烟气中收集到的颗粒极细的烟尘，色呈浅灰到深灰。硅灰的主要成分是二氧化硅，其颗粒是极细的玻璃球体，粒径为 $0.1 \sim 1.0 \mu m$，是水泥颗粒粒径的 $1/50 \sim 1/100$，比表面积为 $18.5 \sim 20 m^2/g$。石英砂主要成分也是二氧化硅，但为晶体，不具火山灰活性，故磨细后不可作为混凝土的硅粉使用。

硅灰有很高的火山灰活性，它可配制高强、超高强混凝土，其掺量一般为水泥用量的 $5\% \sim 10\%$，在配制超高强混凝土时，掺量可达 $20\% \sim 30\%$。

由于硅灰具有高比表面积，因而其需水量很大，将其与粉煤灰等作为混凝土复合掺合料，并配减水剂以保证混凝土的和易性。硅灰用作混凝土掺合料有以下几方面作用：配制高强超高强混凝土；改善混凝土的孔结构，提高混凝土抗渗性和抗冻性；抑制碱集料反应。

120. 沸石粉用作混凝土掺合料有什么作用？用于配制何种混凝土？

沸石粉是天然的沸石磨细而成的一种火山灰质铝硅酸矿物掺

合料。含有一定量活性二氧化硅和三氧化铝，能与水泥生成的氢氧化钙反应，生成胶凝物质。沸石粉用作混凝土掺合料可改善混凝土和易性，提高混凝土强度、抗渗性和抗冻性，抑制碱集料反应。

沸石粉主要用于配制高强混凝土、流态混凝土及泵送混凝土。沸石粉具有很大的内比表面积和开放性孔结构，还可用于配制湿混凝土等功能混凝土。

121. 粒化高炉矿渣粉有哪些技术要求？如何应用？

粒化高炉矿渣粉（简称矿渣粉）是指符合 GB/T 203 标准规定的粒化高炉矿渣经干燥、粉磨（或添加少量石膏一起粉磨）达到相当细度且符合相应活性指数的粉体。矿渣粉磨时允许加入助磨剂，加入量不得大于矿渣粉质量的 0.5%。国家标准《用于水泥和混凝土中的粒化高炉矿渣粉》（GB/T 18046—2008）规定的技术要求见表 4-8。

用于水泥和混凝土中的粒化高炉矿渣粉技术要求　　表 4-8

项目		级别		
		S105	S95	S75
密度（g/cm³）	不小于	2.8		
比表面积（m²/kg）	不小于	500	400	300
活性指数（%）不小于	7d	95	75	55
	28d	105	95	75
流动度比（%）　不小于		95		
含水量（%）　不大于		1.0		
三氧化硫（%）　不大于		4.0		
氯离子（%）　不大于		0.06		
烧失量（%）　不大于		3.0		
玻璃体含量（%）　不小于		85		
放射性		合格		

粒化高炉矿渣粉可以等量取代水泥,并降低水化热、提高抗渗性和耐蚀性、抑制碱集料反应及提高长期强度等,可用于钢筋混凝土和预应力钢筋混凝土工程。大掺量粒化高炉矿渣粉混凝土特别适用于大体积混凝土、地下和水下混凝土、耐硫酸混凝土等。还可用于高强混凝土、高性能混凝土和预拌混凝土等。

122. 混凝土拌合物和易性的含义是什么?主要影响因素有哪些?

和易性是指混凝土拌合物易于施工操作(搅拌、运输、浇灌、捣实)并能获得质量均匀、成型密实的混凝土的性能。和易性包括流动性、黏聚性和保水性三方面的含义。和易性是一项综合技术性质,通常是以测定拌合物稠度(即流动性)为主,而黏聚性和保水性主要通过观察的方法进行评定。

(1) 流动性。流动性是指混凝土拌合物在本身自重或施工机械振捣的作用下,能产生流动,并均匀密实地填满模板的性能。流动性好的混凝土操作方便,易于捣实、成型。工程中选择混凝土拌合物的流动性即坍落度,主要依据构件的截面尺寸的大小、配筋疏密和施工捣实方法等来确定。当截面尺寸较小或钢筋较密,或采用人工插捣时,坍落度可选择大些。反之,如构件截面尺寸较大,钢筋较疏,或采用振动器振捣时,坍落度可选择小些。

(2) 黏聚性。黏聚性是指混凝土拌合物在施工过程中,其组成材料之间具有一定的黏聚力,不致产生分层和离析的现象。在外力作用下,混凝土拌合物各组成材料的沉降不相同,如配合比例不当,黏聚性差,则施工中易发生分层(即混凝土拌合物各组分出现层状分离现象)、离析(即混凝土拌合物内某些组分分离、析出现象)等情况。致使混凝土硬化后产生"蜂窝"、"麻面"等缺陷,影响混凝土强度和耐久性。

(3) 保水性。保水性是指混凝土拌合物在施工过程中,具有一定的保水能力,不致产生严重的泌水现象(指混凝土拌合物中部分水从水泥浆中泌出的现象)。保水性不良的混凝土,易出现泌水,水分泌出后会形成连通孔隙,影响混凝土的密实性;泌出的水还会聚集到混凝土表面,引起表面疏松;泌出的水积聚在集料或钢筋的下表面会形成孔隙,从而削弱了集料或钢筋与水泥石的粘结力,影响混凝土质量。

由此可见,混凝土拌合物的流动性、黏聚性、保水性有其各自的内容,而彼此既互相联系又存在矛盾,当流动性很大时,往往黏聚性和保水性差;反之,亦然。因此,所谓拌合物和易性良好,就是要使这三方面的性质在某种条件下,达到均为良好,即这三方面性质在一定工程条件下达到统一。

现行国家标准《普通混凝土拌合物性能试验方法标准》(GB/T 50080—2002) 规定,根据拌合物的流动性不同,混凝土稠度的测定可采用坍落度与坍落扩展度法或维勃稠度法。

影响混凝土拌合物和易性的主要因素有以下几方面:

(1) 水泥品种。不同品种水泥,其颗粒特征不同,需水量也不同。如配合比相同时,用矿渣水泥和某些火山灰水泥时,拌合物的坍落度一般较用普通水泥时小,但矿渣水泥将使拌合物的泌水性显著增加。

(2) 集料的性质。一般卵石拌制的混凝土拌合物比碎石拌制的流动性好。河砂拌制的混凝土拌合物比山砂拌制的流动性好。

采用粒径较大、级配较好的砂石,集料总表面积和空隙率小,包裹集料表面和填充空隙用的水泥浆用量小,因此拌合物的流动性也好。

(3) 水泥浆数量——浆集比。浆集比是指混凝土拌合物中水泥浆与集料的重量比。

混凝土拌合物中水泥浆的含量应以满足流动性要求为度,不宜过量。

(4) 水泥浆的稠度——水灰比。水泥浆的稠度是由水灰比所决定的。水灰比是指混凝土拌合物中水与水泥的重量比。水灰比不能过大或过小。一般应根据混凝土强度和耐久性要求合理地选用。

（5）砂率。砂率的变动会使集料的空隙率和集料的总表面积有显著改变，对混凝土拌合物的和易性产生显著影响。

（6）外加剂。在拌制混凝土时，加入很少量的外加剂（如减水剂、引气剂）能使混凝土拌合物在不增加水泥用量的条件下，获得很好的和易性，增大流动性和改善黏聚性、降低泌水性。并且由于改变了混凝土的结构，还能提高混凝土的耐久性。

（7）时间和温度。拌合物拌制后，随时间的延长而逐渐变得干稠，流动性减少，这是因为水分损失和水泥水化。由于拌合物流动性的这种变化，在施工中测定和易性的时间，推迟至搅拌完成后约 15min 为宜。

拌合物的和易性也受温度的影响，因为环境温度的升高，水分蒸发及水泥水化反应加快，坍落度损失也变快。因此，施工中为保证一定的和易性，必须注意环境的变化，采取相应的措施。

123. 什么是混凝土的二次搅拌？何时需要二次搅拌？

对于新搅拌的混凝土，当集料颗粒相对密度大于混凝土平均相对密度时，颗粒受重力作用下沉，小于混凝土平均密度时上浮，造成分层离析现象。混凝土中集料的颗粒处于具有黏滞性的水泥浆内，除重力外，还受到黏滞作用而形成的黏性摩阻和颗粒表面之间的粘着力。而这种黏性摩阻和粘着力与振动有关，当混凝土受振动时，这些作用就明显降低，从而加速骨料颗粒的下沉和上浮。

因此，当混凝土的运距太远，道路不平时，混凝土因长时间受振动而引起离析现象，对产生离析现象的混凝土入模前应进行二次拌合，以保证混凝土的均匀性。

124. 可泵性好的混凝土应具备哪些条件？

泵送混凝土拌合物是指坍落度不小于100mm并用泵送施工的混凝土。可泵性好的混凝土应具备以下几个条件：

（1）混凝土与输送管道的管壁间具有较小的摩擦力，不致因过大摩擦力而造成泵送中断。

（2）混凝土在泵送过程中，不应产生混凝土离析现象。因离析会引起粗集料在管道内的拥塞。

（3）保证在压送过程中，不引起混凝土性质的变化。如过大压力将引起集料的破碎和大量吸水，以及混凝土内部含气量的不同。过大的管壁摩阻引起混凝土升温过高，从而产生混凝土的早凝，造成堵塞。

（4）混凝土必须具有较好的流动性和足够的初凝时间。

为获得混凝土较好的可泵性，必须经试验选定适宜的配合比，即适宜的水泥用量和砂率，使混凝土获得较好的和易性。此外，在泵送混凝土中，掺入适量的粉煤灰或引气剂等，对增加混凝土的流动性有利。

125. 泵送混凝土泵送后坍落度会变化吗？为什么？

混凝土拌合物泵送后坍落度会降低。一般经过3~4min的连续泵送，坍落度会降低1cm。研究表明，混凝土拌合物的温度升高，水化速度加快，混凝土拌合物的流动性变差。混凝土拌合物的温度每升高1℃，其坍落度会降低约0.4cm。因此，混凝土拌合物泵送过程中，不仅因所花时间导致的坍落度损失，而且混凝土拌合物泵送过程与管壁摩擦，温度升高，也使其坍落度有所降低。

126. 砂率的大小对混凝土的和易性有何影响？影响混凝土合理砂率大小有哪些因素？

砂率β_s是指混凝土中砂的重量占砂、石总重量的百分率。

砂率的变动会使集料的空隙率和集料的总表面积有显著改变，因而对混凝土拌合物的和易性产生显著影响。

砂率过大或过小，对混凝土拌合物的和易性均有不利的影响，砂率应有一个合理值。当采用合理砂率时，当水与水泥用量一定，能使混凝土拌合物获得最大的流动性且能保持良好的黏聚性和保水性。采用合理砂率，也能使混凝土拌合物获得所要求的流动性及良好的黏聚性与保水性的情况下，水泥用量最少。

影响合理砂率大小的因素很多，可概括为：

石子最大粒径较大、级配较好、表面较光滑时，由于粗集料的空隙率较小，可采用较小的砂率；砂的细度模数较小时，由于砂中细颗粒多，混凝土的黏聚性容易得到保证，可采用较小的砂率；水泥浆较稠（水灰比小）时，由于混凝土的黏聚性较易得到保证，故可采用较小的砂率；施工要求的流动性较大时，粗集料常出现离析，所以为保证混凝土的黏聚性，需采用较大的砂率；当掺用引气剂或减水剂等外加剂时，可适当减少砂率。

一般情况下，在保证拌合物不离析，能很好的浇灌、捣实的条件下，应尽量选用较小的砂率，这样可节约水泥。

127. 为何泵送混凝土可适当增大砂率，当调整砂率其坍落度仍偏小时如何解决？

选择合适的混凝土配合比包括水灰比、胶凝材料的量及砂率。就砂率而言，由于泵送混凝土拌合物经过输送管道的锥形管、弯管和软管等部位时，混凝土颗粒间的相对位置将会发生一定变化，如果砂率过小，水泥砂浆量不足，就容易堵塞管道。适当增大砂率是改善混凝土可泵性的有效方法之一，但砂率过大会增大混凝土的水泥浆用量，也会影响硬化混凝土的技术性能。由于影响混凝土泵送性能有多个因素，合适的砂率还需通过试验确定。另外，当调整砂率后混凝土拌合物坍落度仍偏小，无法达到要求时，可考虑多种方案：如可考虑增加浆体的量，即保持水灰比，同时增加胶凝材料和水的量；也可考虑优化粗集料的级配等。

128. 某混凝土搅拌站所用砂的细度模数变小，如何调整混凝土配合比？

因为砂的细度模数减小，即砂粒径变细后，砂的总表面积增大，若混凝土的配合比不变，水泥浆量没有改变，使得包裹砂表面的水泥浆层变薄，混凝土拌合物的流动性就变差，即坍落度变小。为此，可考虑适当增加水泥浆量，或较少砂率。具体配合比应经试验确定。

129. 当水泥浆用量一定，为什么砂率过小和过大都会使混凝土拌合物的流动性变差？

在水泥浆用量一定的条件下，当砂率过小时，砂浆数量不足以填满石子的空隙体积或甚少富余，在此情况下，石子接触点处的砂浆太少，混凝土拌合物的流动性很小。当砂率过大时，集料的总表面积及空隙率增大，耗用于包裹细集料表面的水泥砂浆数量增多，砂粒接触点处的水泥浆不足，甚至水泥浆不足以包裹所有砂粒，使砂浆干涩，拌合物的流动性也随之变差。

130. 增加水泥浆量后混凝土的和易性是否就越好？可否单纯加水来提高其流动性？

在一定范围内，胶凝材料浆量增多，混凝土拌合物流动性越大；这是因为包裹集料的水泥浆层由薄变厚，有利于流动性；但当浆量过多，不仅流动性无明显增大，而且黏聚性降低，保水性变差。因为包裹集料的浆层厚度达一定值后，再增厚已无助于改善拌合物的流动性，反而影响了其黏聚性和保水性。

应当注意，在试拌混凝土时，不能用单纯改变用水量的办法来调整混凝土拌合物的流动性。因单纯改变用水量会改变混凝土的水灰比，进而影响混凝土的强度和耐久性，与设计不相符。因此，应该在保持水灰比不变的条件下，用调整水泥浆量的办法来调整混凝土拌合物的流动性。

131. 集料含水量波动大对混凝土质量有何影响？

由于集料，特别是砂的含水量波动较大，使实际配合比中的加水量随之波动，以致影响混凝土质量。当加水量不足时混凝土坍落度不足，水量过多时则坍落度过大，还易出现离析。另外，混凝土强度的离散程度亦会较大。为此，需控制好混凝土集料的含水量。

132. 某混凝土搅拌站的针片状碎石增多，混凝土坍落度明显下降，如何解决？

因集料中针片状碎石增多，表面积增大，在其他材料及配方不变的条件下，包裹集料的水泥浆层变薄，混凝土的坍落度必然下降。

当混凝土拌合物坍落度下降难以泵送时，现场简单地加水虽可解决泵送问题，但对混凝土的强度及耐久性都有不利影响，且还会引起泌水等问题。可保持水灰比不变，增加水泥浆用量的方法来解决。

133. 为何有的水泥混凝土表面会出现"起粉"现象？

有的路面、停车场和楼板的水泥混凝土表面会出现"起粉"。这有多方面的原因，需作具体分析。

(1) 混凝土离析，粉煤灰等富集于混凝土表面，强度偏低而"起粉"

有的混凝土粉煤灰或矿渣的掺量较大，而水泥颗粒偏粗且较均齐，在施工过程振捣过度造成混凝土严重的离析，粉煤灰等富集于混凝土表面。由于粉煤灰等水化速度慢，早期强度较低，不注意早期的养护，混凝土表层的胶凝材料得不到充分的水化，导致表层混凝土强度低而"起粉"。此类混凝土表面的粉体可在显微镜下观察到大量未水化的粉煤灰。

（2）混凝土泌水，表层水灰比过大，强度较低而造成表面"起粉"

当混凝土的保水性差，严重泌水导致混凝土表层水灰比过大。特别需指出的是，当使用减水剂时，混凝土表层的水散失后，减水剂的浓度提高。过多的减水剂分子中憎水基团定向吸附于水泥颗粒表面，亲水基团指向水溶剂，在水泥颗粒表面形成一层稳定的溶剂化水膜，阻止了水泥颗粒间的直接接触，在颗粒间起润滑作用的同时，使水泥颗粒在减水剂作用下充分分散，且水泥颗粒间的间隔远，导致胶凝材料的水化产物搭接松散、强度较低。使混凝土表面"起粉"。

（3）混凝土养护不当，表层的水泥水化程度低，强度不足而"起粉"

若混凝土养护不当，施工早期水分散失过快，表层的胶凝材料得不到足够的水分，其水化程度低，强度不足，也会造成混凝土表面出现"起粉"。检测混凝土表层中胶凝材料的水化程度，可帮助判别"起粉"的原因。表层水泥水化程度较高主要是泌水、表层水灰比过大所致；反之，表层水泥水化程度较低，则主要是施工养护不当所致。

134. 哪些因素会影响新拌混凝土的凝结时间？如何测定新拌混凝土的凝结时间？

水泥的组成、环境温度、外加剂等都会对混凝土凝结时间产生影响。水泥的水化反应是混凝土产生凝结的主要原因，但是混凝土的凝结时间与配制该混凝土所用水泥的凝结时间并不一致，因为水泥浆体的凝结和硬化过程要受到水化产物在空间填充情况的影响。因此，水灰比的大小会明显影响混凝土凝结时间，水灰比越大，凝结时间越长。一般配制混凝土所用的水灰比与测定水泥凝结时间规定的水灰比是不同的，所以这两者的凝结时间便有所不同。而且混凝土的凝结时间，还会受到其他各种因素的影响，例如，环境温度的变化、混凝土中掺入的外加剂，如缓凝剂或速凝剂等等，将会明显影响混凝土的凝结时间。

通常用贯入阻力仪测定混凝土拌合物的凝结时间。先用5mm筛孔的筛从拌合物中筛取砂浆，按一定方法装入规定的容器中，然后每隔一定时间测定砂浆贯入到一定深度时的贯入阻力，绘制贯入阻力与时间的关系曲线，从而确定其凝结时间。通常情况下，混凝土的凝结时间为6~10h。

135. 为何有的水泥混凝土路面在铺筑不久后就出现"脱皮"现象？

水泥混凝土路面在铺筑不久后就出现"脱皮"有多方面的原因。例如，某路面混凝土所用水泥的勃氏比表面积为$330m^2/kg$、$80\mu m$方孔筛筛余5%。混凝土的水灰比为0.58，另掺25%粉煤灰，该水泥混凝土路面在铺筑不久后出现"脱皮"现象。其"脱皮"现象有以下原因：

（1）该混凝土所用水泥的$80\mu m$方孔筛筛余和比表面积均不高，估计其颗粒比较均齐，颗粒粒径集中于某一范围，保水性不好，稀浆富集于混凝土表面。混凝土所掺25%的粉煤灰因颗粒较细，密度较小，亦主要富集在混凝土表面，使其表面强度较低。

（2）该混凝土水灰比过大，既影响了混凝土强度，又加重了泌水。

（3）施工中过度振捣，进一步促使稀浆富集于混凝土表面，也影响了表层的强度。

136. 影响混凝土强度的主要因素有哪些？

影响混凝土强度的因素很多。可从原材料因素、生产工艺因素及实验因素三方面讨论。

（1）原材料因素

① 水泥强度：水泥强度的大小直接影响混凝土强度。在配合比相同的条件下，所用的水泥强度等级越高，制成的混凝土强度也越高。试验证明，混凝土的强度与水泥的强度成正比关系。

② 水灰比：当用同一种水泥时，混凝土的强度主要决定于水灰比。试验证明，混凝土强度随水灰比的增大而降低，呈曲线关系，而混凝土强度和灰水比呈直线关系。

③ 集料的种类、质量和数量：水泥石与集料的粘结力除了受水泥石强度的影响外，还与集料（尤其是粗集料）的表面状况有关。碎石表面粗糙，粘结力比较大，卵石表面光滑，粘结力比较小。因而，在水泥强度等级和水灰比相同的条件下，碎石混凝土的强度往往高于卵石混凝土。

当粗集料级配良好，用量及砂率适当，能组成密集的骨架使水泥浆数量相对减小，集料的骨架作用充分，也会使混凝土强度有所提高。

大量实验表明，混凝土强度与水灰比、水泥强度等级等因素之间保持近似恒定的关系。

④ 外加剂和掺合料。

混凝土中加入外加剂可按要求改变混凝土的强度及强度发展规律，如掺入减水剂可减少拌合用水量，提高混凝土强度；如掺入早强剂可提高混凝土早期强度，但对其后期强度发展无明显影响。超细的掺合料可配制高性能、超高强度的混凝土。

（2）生产工艺因素

这里所指的生产工艺因素包括混凝土生产过程中涉及的施工（搅拌、捣实）、养护条件、养护时间等因素。如果这些因素控制不当，会对混凝土强度产生严重影响。

① 施工条件——搅拌与振捣：在施工过程中，必须将混凝土拌合物搅拌均匀，浇筑后必须捣固密实，才能使混凝土有达到预期强度的可能。

机械搅拌和捣实的力度比人力要强，因而采用机械搅拌比人工搅拌的拌合物更均匀，采用机械捣实比人工捣实的混凝土更密实。强力的机械捣实可适用于更低水灰比的混凝土拌合物，获得更高的强度。

② 养护条件：混凝土的养护条件主要指所处的环境温度和湿度，它们是通过影响水泥水化过程而影响混凝土强度。

③ 龄期：龄期是指混凝土在正常养护条件下所经历的时间。在正常养护条件下，混凝土强度将随着龄期的增长而增长。最初 7~14d 内，强度增长较快，以后逐渐缓慢。但在有水的情况下，龄期延续很久其强度仍有所增长。

(3) 实验因素

在进行混凝土强度试验时，试件尺寸、形状、表面状态、含水率以及实验加荷速度等实验因素都会影响到混凝土强度试验的测试结果。

① 试件形状尺寸：测定混凝土立方体试件抗压强度，也可以按粗集料最大粒径的尺寸而选用不同试件的尺寸。但是试件尺寸不同、形状不同，会影响试件的抗压强度测定结果。

在进行强度试验时，试件尺寸越大，测得的强度值越低。

② 表面状态：当混凝土受压面非常光滑时（如有油脂），由于压板与试件表面的摩擦力减小，使环箍效应减小，试件将出现垂直裂纹而破坏，测得的混凝土强度值较低。

③ 含水程度：混凝土试件含水率越高，其强度越低。

④ 加荷速度：在进行混凝土试件抗压试验时，若加荷速度过快，材料裂纹扩展的速度慢于荷载增加速度，会造成测得的强度值偏高。所以，在进行混凝土立方体抗压强度试验时，应按规定的加荷速度进行。

137. 为什么当采用同一种水泥时，混凝土的强度主要决定于水灰比？

因为水泥水化时所需的结合水，一般只占水泥重量的 23% 左右，但在拌制混凝土拌合物时，为了获得必要的流动性，实际采用较大的水灰比。当混凝土硬化后，多余的水分或残留在混凝土中形成水泡，或蒸发后形成气孔，混凝土内部的孔隙削弱了混凝土抵抗外力的能力。因此，满足和易性要求的混凝土，在水泥强度等级相同的情况下，水灰比越小，水泥石的强度越高，与集料粘结力也越大，混凝土的强度就越高。如果加水太少（水灰比太小），拌合物过于干硬，在一定的捣实成型条件下，无法保证浇灌质量，混凝土中将出现较多的孔洞，强度也将下降。

大量实验表明，混凝土强度与水灰比、水泥强度等级等因素之间保持近似恒定的关系。一般采用下面直线型的经验公式来表示：

$$f_{cu} = \alpha_a \cdot f_{ce}\left(\frac{C}{W} - \alpha_b\right)$$

式中 $\frac{C}{W}$——灰水比（水泥与水重量比）；

f_{cu}——混凝土 28d 抗压强度，MPa；

f_{ce}——水泥的 28d 抗压强度实测值，MPa；

α_a、α_b——回归系数，与集料品种、水泥品种等因素有关。

一般水泥厂为了保证水泥的出厂强度等级，其实际抗压强度往往比其强度等级高。当无水泥 28d 抗压强度实测值时，用水泥强度等级（$f_{ce,g}$）代入式中，并乘以水泥强度等级富余系数（γ_c），即 $f_{ce} = \gamma_c \cdot f_{ce,g}$，$\gamma_c$ 值应按统计资料确定。

回归系数 α_a 和 α_b 应根据工程所使用的水泥、集料，通过试验由建立的水灰比与混凝土强度关系式确定；当不具备试验统计资料时，其回归系数可按《普通混凝土配合比设计规程》（JGJ 55—2000）选用，见表4-9。

回归系数 α_a、α_b 选用表　　　　　　表 4-9

回归系数	石子品种	碎石	卵石
α_a		0.46	0.48
α_b		0.07	0.33

上面的经验公式，一般只适用于流动性混凝土和低流动性混

凝土，对干硬性混凝土则不适用。利用混凝土强度经验公式，可进行下面两个问题的估算：

① 根据所用水泥强度和水灰比来估算所配制的混凝土强度；

② 根据水泥强度和要求的混凝土强度等级来计算应采用的水灰比。

138. 养护环境的温度和湿度对混凝土强度有何影响？在施工中如何养护？

养护环境温度高，水泥水化速度加快，混凝土早期强度高；反之，亦然。若温度在冰点以下，不但水泥水化停止，而且有可能因冰冻导致混凝土结构酥松，强度严重降低，尤其是早期混凝土应特别加强防冻措施。为加快水泥的水化速度，可采用湿热养护的方法，即蒸汽养护或压蒸养护。

湿度通常指的是空气相对湿度。相对湿度低，混凝土中的水分挥发快，混凝土因缺水而停止水化，强度发展受阻。另一方面，混凝土在强度较低时失水过快，极易引起干缩，影响混凝土耐久性。一般在混凝土浇筑完毕后12h内应开始对混凝土加以覆盖或浇水。对硅酸盐水泥、普通水泥和矿渣水泥配制的混凝土浇水养护不得少于7d；使用粉煤灰水泥和火山灰水泥，或掺有缓凝剂、膨胀剂，或有防水抗渗要求的混凝土浇水养护不得少于14d。

139. 什么是混凝土材料的标准养护、自然养护、蒸汽养护、压蒸养护以及同条件养护？

（1）标准养护是指将混凝土制品在温度20 ± 2℃，相对湿度95%以上的标准条件下进行的养护。评定混凝土的强度等级时需采用这种养护条件。

（2）自然养护是指对在自然条件（或气候条件）下的混凝土制品适当地采取一定地保温、保湿措施，并定时、定量向混凝土浇水，保证混凝土材料强度能正常发展的一种养护方式。

（3）蒸汽养护是将混凝土材料在小于100℃的高温水蒸气中进行的一种养护。蒸汽养护可提高混凝土的早期强度，缩短养护时间。

（4）压蒸养护是将混凝土材料在 0.8～1.6MPa 下，175～203℃的水蒸气中进行的一种养护。压蒸养护可大大提高混凝土材料的早期强度。

（5）同条件养护是指试件成型后，置于结构体旁，拆模时间应与实际构件相同；养护条件也应与结构体完全一致；养护时间应与构件龄期也相同，这样的规定使两者接近或者完全相同。同结构养护的试件强度，只是用来评判对下道工序可继续施工的间断时间，为下道工序可否进行提供依据，不存在"合格"与"不合格"的问题。

140. 混凝土采用非标准尺寸试件测定抗压强度时，为何需要折算？

测定混凝土立方体试件抗压强度，可以按粗集料最大粒径的尺寸而选用不同试件的尺寸。但是，试件尺寸不同、形状不同，会影响试件的抗压强度测定结果。

这是因为混凝土试件在压力机上受压时，在沿加荷方向发生纵向变形的同时，也按泊松比效应产生横向膨胀。而钢制压板的横向膨胀较混凝土小，因而在压板与混凝土试件受压面形成磨擦力，对试件的横向膨胀起着约束作用，这种约束作用称为"环箍效应"。"环箍效应"对混凝土抗压强度有提高作用。离压板越远，"环箍效应"越小，在距离试件受压面约 $0.866a$（a 为试件边长）范围外这种效应消失。

在进行强度试验时，试件尺寸越大，测得的强度值越低。这包括两方面的原因：一是"环箍效应"；二是由于大试件内存在的孔隙、裂缝和局部较差等缺陷的几率大，从而降低了材料的强度。

国家标准《普通混凝土力学性能试验方法标准》(GB/T 50081—2002) 规定边长为150mm 的立方体试件为标准试件。当采用非标准尺寸试件时，应将其抗压强度折算为标准试件抗压强度。换算系数需按表4-10的规定。

混凝土抗压强度试块允许最小尺寸表　　表4-10

集料最大颗粒直径（mm）	换算系数	试块尺寸（mm）
31.5	0.95	100×100×100（非标准试块）
40	1.00	150×150×150（标准试块）
63	1.05	200×200×200（非标准试块）

141. 混凝土的受压变形破坏的过程有何特征？

混凝土在外力作用下的变形和破坏过程，也就是内部裂缝的发生和发展过程。混凝土的受压变形破坏特征如下：

Ⅰ阶段：荷载到达"比例极限"（约为极限荷载的30%）以前，界面裂缝无明显变化，荷载与变形比较接近直线关系。

Ⅱ阶段：荷载超过"比例极限"以后，界面裂缝的数量、长度和宽度都不断增大，界面借摩阻力继续承担荷载，但尚无明显的砂浆裂缝。此时，变形增大的速度超过荷载增大的速度，荷载与变形之间不再为线性关系。

Ⅲ阶段：荷载超过"临界荷载"（约为极限荷载的70%~90%）以后，界面裂缝继续发展，开始出现砂浆裂缝，并将邻近的界面裂缝连接起来成为连续裂缝。此时，变形增大的速度进一步加快，荷载—变形曲线明显地弯向变形轴方向。

Ⅳ阶段：荷载超过极限荷载以后，连续裂缝急速发展，此时，混凝土的承载能力下降，荷载减小而变形迅速增大，以至完全破坏，荷载—变形曲线逐渐下降至最后结束。

142. 什么是混凝土的化学收缩？化学收缩可以恢复吗？

水泥水化生成的固体体积，比未水化水泥和水的总体积小，而使混凝土产生收缩，这种收缩称为化学收缩。

化学收缩是伴随着水泥水化而进行的,其收缩量是随混凝土硬化龄期的延长而增长的,增长的幅度逐渐减小。一般在混凝土成型后40多天内化学收缩增长较快,以后就渐趋稳定。化学收缩是不能恢复的。

143. 混凝土产生湿胀干缩的原因有哪些?混凝土的干燥收缩应如何控制与防治?

混凝土的湿涨产生的原因是:吸水后使混凝土中水泥凝胶体粒子吸附水膜增厚,胶体粒子间的距离增大。湿胀变形量很小,对混凝土性能基本上无影响。

混凝土干缩产生的原因是:混凝土在干燥过程中,毛细孔水分蒸发,使毛细孔中形成负压,产生收缩力,导致混凝土收缩;当毛细孔中的水蒸发完后,如继续干燥,则凝胶体颗粒间吸附水也发生部分蒸发,缩小凝胶体颗粒间距离,甚至产生新的化学结合而收缩。因此,干缩的混凝土再次吸水时,干缩变形一部分可恢复,也有一部分(约30%~60%)不能恢复。

影响混凝土干缩的原因有以下几方面:

(1) 水泥品种及细度:水泥品种不同,混凝土的干缩率也不同。如使用火山灰水泥干缩最大,使用矿渣水泥比使用普通水泥的收缩大。采用高强度等级水泥,由于颗粒较细,混凝土收缩也较大。水泥的一般干缩程度为:火山灰水泥 > 矿渣水泥 > 普通水泥 > 粉煤灰水泥。

(2) 用水量与水泥用量:用水量越多,硬化后形成的毛细孔越多,其干缩值也越大。水泥用量越多,混凝土中凝胶体越多,收缩量也较大,而且水泥用量多会使用水量增加,从而导致干缩偏大。

(3) 集料的种类与数量:砂石在混凝土中形成骨架,对收缩有一定的抵抗作用。集料的弹性模量越高,混凝土的收缩越小,故轻集料混凝土的收缩比普通混凝土大得多。

(4) 养护条件:延长潮湿条件的养护时间,可推迟干缩的发生与发展，但对最终干缩值影响不大。若采用蒸汽养护可减少混凝土的干缩，压蒸养护效果更显著。

混凝土干缩变形的大小用干缩率表示，它反映混凝土的相对干缩性，其值约为 $(3～5)\times10^{-4}$。在一般工程设计中，混凝土干缩值通常取 $(1.5～2)\times10^{-4}$，即每米混凝土收缩 0.15～0.2mm。

混凝土的干燥收缩的控制与防治应针对干缩产生的原因，采用不同的防治措施。合理选择水泥品种；适当减少水泥用量有利于减少干缩；选择恰当的水灰比值，水灰比越大，干缩越大；注意减水剂正反两方面的影响；搞好养护等。

144. 什么是混凝土自身收缩？

自身收缩与干缩类同，也是由水分的迁移引起的。区别之处在于自身收缩不是由于水向外蒸发散失，而是因为水泥水化时消耗水分造成凝胶孔的液面下降，形成弯月面，产生所谓的自干燥作用，混凝土的相对湿度降低，体积减少。

当水灰比大于 0.5，干缩远大于自身收缩。

当水灰比小于 0.35，混凝土体内相对湿度迅速降至 80% 以下。

解决混凝土自身收缩的主要措施是及时、良好的养护。

145. 为什么大体积混凝土易产生温度变化引起的裂缝？如何防治？

混凝土与其他材料一样，也具有热胀冷缩的性质。这种热胀冷缩的变形称为温度变形。混凝土温度变形系数约为 $1\times10^{-5}/℃$，即温度升高或降低 1℃，每米混凝土膨胀或收缩 0.01mm。温度变形对大体积混凝土及大面积混凝土工程极为不利。

在混凝土硬化初期，水泥水化放出较多的热量，混凝土又是热的不良导体，散热较慢，因此，在大体积混凝土内部的温度较外部高，有时可达 50～70℃。这将使内部混凝土的体积产生较大的膨胀，而外部混凝土却随气温降低而收缩。内部膨胀和外部收缩互相制约，在外表混凝土中将产生很大拉应力，严重时使混凝土产生裂缝。

为防止温度变形带来的危害，一般大体积的混凝土结构物，应采取相应防治措施：

① 选择适当的水泥品种，如采用低水化热水泥；

② 减少水泥用量，使用掺合料可降低水化热；

③ 合理掺用外加剂，适当控制水化速度，设法降低混凝土最高温度；

④ 采取相应的施工控制措施。如采取人工降温，冰水配混凝土，以降低其温度；对超长的钢筋混凝土结构物，还可采用每隔一段长度设置伸缩缝等措施。

146. 为何一些楼房在横梁对应的位置会有较浅的裂缝？如何解决？

楼房横梁对应的位置较浅的裂缝一般属沉降收缩裂缝，其特点是出现于浇筑后 4~5h，多出现于梁对应的位置或沿钢筋对应的位置。

其成因是混凝土浇筑后会产生沉降，厚处沉降量大，薄处沉降量小，两者之间易形成沉降收缩裂缝；或混凝土沉降时受钢筋的阻碍，也可能会沿钢筋对应的位置产生沉降收缩裂缝。

可根据其影响因素，采取相应的技术措施：

① 混凝土水灰比越大，越易产生裂缝，故需控制水灰比。

② 水泥凝结时间越长，越易引起沉降收缩裂缝。选用凝结时间较短的水泥有利于避免产生沉降收缩裂缝。

③ 截面厚度相差较大的构筑物，可先浇筑较深部位，静止 2~3h 沉降稳定后再行浇筑。且既要振捣密实，又要防止过振。

④ 在夏天或大风天气，注意养护。

147. 为何使用早期强度高的水泥更要注意避免非荷载裂缝？

早期强度高的水泥往往是熟料中硅酸三钙和铝酸三钙含量较

高，且水泥颗粒总体来讲更细。采用大比表面积及硅酸三钙和铝酸三钙含量高的水泥，将造成水化热升高；另外，铝酸三钙不仅水化速度快，而且干缩大。这样，既加快了水化速度，也加剧了混凝土的温度收缩和干缩，易使混凝土产生非荷载裂缝。

148. 冬期零下气温下施工，为何尤须注意控制混凝土的水灰比？

冬期零下气温下施工，若无防冻剂且人工搅拌振捣混凝土时，混凝土的流动性往往较差，仅凭感觉加水施工，往往会加大了混凝土的水灰比。为此，尤须注意控制混凝土的水灰比。

例如，某小学校舍为砖混结构，该舍施工时气温已达零下十几度，采用人工搅拌振捣混凝土，把混凝土拌得很稀，施工时漏浆情况严重。拆去支柱后，又在屋面上用手推车推卸白灰炉渣以铺设保温层时，大梁突然断裂，屋面塌落，并砸死两名在屋内取暖的小学生。

由于施工时混凝土的水灰比大，混凝土离析严重。从大梁断裂截面可见，上部只剩下砂和少量水泥，而下部全为卵石，且相当多水泥浆已流走。现场用回弹仪检测，混凝土强度仅达到设计强度等级的一半。这就是屋面倒塌的技术原因。另外，该工程为私人挂靠施工，包工者从未进行过房屋建筑，且无施工经验。在冬期施工而无采取任何相应的措施，不具备施工员的素质，且工程未办理任何基建手续。校方负责人自认甲方代表，不具备现场管理资格，由包工者随心所欲施工。这是施工与管理方面的原因。

149. 使用 NaCl 化冰，对道路混凝土有不利影响吗？

使用 NaCl 化冰，会影响道路混凝土的寿命。

例如，北京二环路西北角的西直门立交桥旧桥于 1978 年

12月开工，1980年12月完工。建成使用一段时间后，混凝土有不同程度开裂。1999年3月，因各种原因拆除部分旧桥改建。在改造过程中，有关科研部门对旧桥东南引桥桥面和桥基钻芯作 K_2O、Na_2O、Cl^- 含量测试。其中 Cl^- 浓度呈明显梯度分布，表面 Cl^- 浓度为 $0.094\% \sim 0.15\%$。距表面1cm处的 Cl^- 浓度骤增，分别为 $0.18\% \sim 0.78\%$。在 $1 \sim 2cm$ 处 Cl^- 浓度达到最高值，其后随着离开表面距离的增加，Cl^- 浓度逐渐减至 0.1% 左右。

经调查分析发现，北京市20世纪80年代每年撒化冰盐的量为 $400 \sim 600t$，主要用于长安街和城市立交桥。西直门立交旧桥混凝土中的 Cl^- 主要来自化冰盐 $NaCl$。混凝土表面 Cl^- 含量低于距表面 $1 \sim 2cm$ 处，是因其表面受雨水冲刷，部分 Cl^- 溶解流失。Cl^- 超过最高极限值后，会破坏钢筋的钝化膜，锈蚀钢筋，锈蚀产物体积膨胀，导致钢筋开裂，保护膜脱落。为消除 $NaCl$ 化冰对路面影响，可使用其他不含 Cl^- 的化冰盐。

150. 什么是混凝土的徐变？影响混凝土徐变变形主要有哪些因素？

混凝土在长期恒定荷载作用下，沿着作用力方向随时间的延长而增加的变形称为徐变。其特征是初期增长较快，然后逐渐缓慢，$2 \sim 3$ 年后趋于稳定。

徐变对混凝土结构物的作用：对普通钢筋混凝土构件，使构件的变形增加，能消除混凝土内部温度应力和收缩应力，在钢筋混凝土截面中引起应力的重新分布，减弱混凝土的开裂现象。对预应力混凝土构件，混凝土的徐变使预应力损失增加。对大体积混凝土，徐变能消除一部分由温度变形所产生的破坏应力。

影响混凝土徐变变形的因素主要有：

① 水灰比一定时，水泥用量越大，徐变越大；

② 水灰比越小，徐变越小；

③ 龄期长、结构致密、强度高则徐变小；

④ 集料用量多，徐变小；
⑤ 应力水平越高，徐变越大。

151. 什么是混凝土的耐久性？提高混凝土耐久性的措施有哪些？

混凝土的耐久性是指混凝土在使用条件下抵抗周围环境中各种因素长期作用而不破坏的能力。混凝土耐久性能主要包括抗渗、抗冻、抗侵蚀、碳化、碱-集料反应及混凝土中的钢筋锈蚀等性能。

混凝土遭受各种侵蚀作用的破坏虽各不相同，但提高混凝土耐久性的措施有很多共同之处。提高混凝土耐久性的一般措施有：

① 合理选择水泥品种和混凝土掺合料，使其与工程环境相适应。
② 采用合理的水灰比和胶凝材料用量。
③ 选择质量良好、级配合理的集料和合理的砂率。
④ 掺用适量的引气剂或减水剂，并加强混凝土质量的生产控制。
⑤ 根据情况对混凝土作表面处理。

152. 混凝土的抗渗性主要与哪些因素有关？

抗渗性是指混凝土抵抗压力水（或油）渗透的能力。它直接影响混凝土的抗冻性和抗侵蚀性。混凝土的抗渗性主要与其密实度及内部孔隙的大小和构造有关。混凝土内部的互相连通的孔隙和毛细管通路，以及由于混凝土施工成型时，振捣不实产生的蜂窝、孔洞都会造成混凝土渗水。影响混凝土抗渗性主要有以下因素：

① 水灰比：混凝土水灰比大小，对其抗渗性能起决定性作用。水灰比越大，其抗渗性越差。成型密实的混凝土，水泥石本身的抗渗性对混凝土的抗渗性影响最大。

② 集料的最大粒径：在水灰比相同时，混凝土集料的最大粒径越大，其抗渗性能越差。这是由于集料和水泥浆的界面处易产生裂纹和较大集料下方易形成孔穴。

③ 养护方法：蒸汽养护的混凝土，其抗渗性较潮湿养护的混凝土要差。在干燥条件下，混凝土早期失水过多，容易形成收缩裂纹，因而降低混凝土的抗渗性。

④ 水泥品种：水泥的品种、性质也影响混凝土的抗渗性能。

⑤ 外加剂：在混凝土中掺入某些外加剂，如减水剂等，可减小水灰比，改善混凝土的和易性，因而可改善混凝土的密实性，即提高了混凝土的抗渗性能。

⑥ 掺合料：在混凝土中加入掺合料，如掺入优质粉煤灰，可提高混凝土的密实度、细化孔隙，改善了孔结构和集料与水泥石界面的过渡区结构，提高了混凝土的抗渗性。

⑦ 龄期：混凝土龄期越长，其抗渗性越好。因为随着水泥水化的进行，混凝土的密实度逐渐增大。

153. 什么是混凝土的碳化？碳化作用对混凝土有害还是有利？为什么？

混凝土的碳化是指空气中的二氧化碳在有水存在的条件下，与水泥石中的氢氧化钙发生反应，生成碳酸钙和水的过程。

碳化过程是随着二氧化碳不断向混凝土内部扩散，而由表及里缓慢进行的。碳化作用最主要的危害是：由于碳化使混凝土碱度降低，减弱了其对钢筋的防锈保护作用，使钢筋易出现锈蚀；另外，碳化将显著增加混凝土的收缩，使混凝土表面产生拉应力，导致混凝土中出现微细裂缝，从而使混凝土抗拉、抗折强度降低。

碳化可使混凝土的抗压强度提高，这是因为碳化反应生成的水分有利于水泥的水化作用，而且反应形成的碳酸钙减少了水泥石内部的孔隙。

总的来说，碳化作用对混凝土是有害的。提高混凝土抗碳化能力的措施有：优先选择硅酸盐水泥和普通水泥；采用较小的水灰比；提高混凝土密实度；改善混凝土内孔结构。

154. 什么是碱-集料反应？如何预防碱-集料反应？

碱-集料反应是指水泥、外加剂等混凝土构成物及环境中的碱与集料中碱活性矿物在潮湿环境下缓慢发生反应，生成的凝胶可不断吸水，体积相应不断膨胀，导致混凝土开裂破坏。碱-集料反应包括碱—硅酸反应和碱—碳酸盐反应。

对于重要工程混凝土使用的集料，或者怀疑集料中含有无定性二氧化硅或其他碱活性矿物，可能引起碱-集料反应时，应进行专门试验，以确定集料是否可用。

普遍认为发生碱-集料反应须同时具备下列三个必要条件：一是碱含量高；二是集料中存在活性二氧化硅等碱活性矿物；三是环境潮湿，水分渗入混凝土。预防碱-集料反应的措施有：

① 使用碱含量低的水泥，并降低混凝土总的碱含量。

② 混凝土所使用的碎石或卵石进行碱活性检验。

③ 采用能抑制碱-集料反应的掺合料，如粉煤灰、矿渣和硅灰等。

④ 使混凝土致密，也可对混凝土进行表面处理，防止有害组分和水分进入混凝土内部。

155. 混凝土的质量控制观察包括哪些过程？

混凝土质量控制的目标是使所生产的混凝土能按规定的保证率满足设计要求。质量控制过程包括以下三个过程：

① 混凝土生产前的初步控制。主要包括人员配备、设备调试、组成材料的检验及配合比的确定与调整等项内容。

② 混凝土生产过程中的控制。包括控制称量、搅拌、运输、浇筑、振捣及养护等项内容。

③ 混凝土生产后的合格性控制。包括批量划分、确定取样批数、确定检测方法和验收界限等项内容。

156. 混凝土配合比的表示方法有哪些？

混凝土配合比是指混凝土中各组成材料用量之间的比例关系。常用的表示方法有两种：

一种是以每 $1m^3$ 混凝土中各项材料的重量表示。如某配合比：水泥 300kg、水 180kg、砂 720kg、石子 1200kg，该混凝土 $1m^3$ 总重量为 2400kg；

另一种表示方法是以各项材料相互间的重量比来表示（以水泥质量为1），将上例换算成重量比为：水泥：砂：石 = 1：2.4：4，水灰比为 0.60。

进行混凝土配合比设计计算时，其计算公式和有关参数表格中的数据均系以干燥状态集料为基准，干燥状态集料是指含水率小于 0.5% 的细集料或含水率小于 0.2% 的粗集料，如需以饱和面干集料为基准进行计算时，则应作相应的修改。

157. 普通混凝土配合比设计的主要参数有哪些？

普通混凝土配合比设计，实质上就是确定胶凝材料、水、砂与石子这四项基本组成材料用量之间的三个比例关系：

① 水与胶凝材料之间的比例关系，常用水灰比表示。
② 胶凝材料浆与集料之间的比例关系，常用单位用水量（$1m^3$ 混凝土的用水量）来反映。
③ 砂与石之间的比例关系，常用砂率表示。

水灰比、砂率、单位用水量是混凝土配合比的三个重要参数，因为这三个参数与混凝土的各项性能之间有着密切的关系，在配合比设计中正确地确定这三个参数，就能使混凝土满足上述设计要求。

158. 混凝土配合比的计算步骤有哪些？

混凝土配合比的计算须按照行业标准《普通混凝土配合比设计规程》(JGJ 55—2000) 所规定的步骤来进行。

(1) 计算配制强度 $f_{cu,0}$ 并求出相应的水灰比

① 计算配制强度 ($f_{cu,0}$)；

② 计算水灰比 (W/C)。

(2) 选取每立方米混凝土的用水量，并计算出每立方米混凝土的水泥用量

① 选取单位用水量 (m_{w0})：

a. 干硬性和塑性混凝土用水量的确定；

b. 流动性和大流动性混凝土用水量的确定。

② 计算单位水泥用量 (m_{c0})。

(3) 选取砂率，计算粗集料和细集料的用量，并提出供试配用的计算配合比

① 选取砂率 (β_s)；

② 计算粗、细集料的用量 (m_{g0} 和 m_{s0})：粗、细集料用量的计算方法有重量法和体积法两种。

通过以上三大步骤便可将水、水泥、砂和石子的用量全部求出，得到初步配合比，供试配用。

159. 如何计算配制强度？为什么规定配制强度要大于混凝土的强度设计等级？

行业标准《普通混凝土配合比设计规程》(JGJ 55—2000) 规定，现行配制强度可由下式求得：

$$f_{cu,0} = f_{cu,m} = f_{cu,k} + 1.645\sigma$$

式中　$f_{cu,0}$——混凝土的配制强度（MPa）；

　　　σ——混凝土强度标准差；

1.645——强度保证系数，其对应强度保证率为95%。

强度保证率是指混凝土强度总体中，强度不低于设计的强度等级值 ($f_{cu,k}$) 的百分率。由于在试验室配制强度能满足设计强度等级的混凝土，应考虑到实际施工条件与试验室条件的差别。在实际施工中，混凝土强度难免有波动，如施工中各项原材料的质量能否保持均匀一致，混凝土配合比能否控制准确，拌合、运

输、浇灌、振捣及养护等工序是否正确等，这些因素的变化将造成混凝土质量的不稳定，即使在正常的原材料供应和施工条件下，混凝土的强度也会有时偏高，有时偏低，但总是在配制强度的附近波动，总体符合正态分布规律。质量控制越严，施工管理水平越高，则波动幅度越小；反之，则波动幅度越大。

160. 为什么要对计算得到的混凝土配合比进行试配、调整与确定？如何进行？

（1）试配

计算得到的混凝土各材料的用量，是借助于一些经验公式和数据计算出来的，或是利用经验资料查得的，不一定能够符合实际情况。因而计算的配合比进行试配时，首先应进行试拌，以检查拌合物的和易性是否符合要求。

① 按计算配合比称取材料进行试拌。混凝土拌合物搅拌均匀后应测定坍落度，并检查其黏聚性和保水性的好坏。当试拌得出的拌合物坍落度（或维勃稠度）不能满足要求，或黏聚性和保水性不好时，应在保证水灰比不变的条件下相应调整用水量或砂率。

② 每次调整后再试拌，直到符合要求为止。试拌调整工作完成后，应测出混凝土拌合物的表观密度，然后提出供混凝土强度试验用的基准配合比。

经过和易性调整试验得出的混凝土基准配合比，其水灰比值不一定选用恰当，其结果是强度不一定符合要求。所以，应检验混凝土的强度，且检验时至少应采用三个不同的配合比。其中一个应为经过前面拌合物和易性确定的基准配合比，另外两个配合比的水灰比，宜较基准配合比分别增加和减少 0.05；用水量应与基准配合比相同，砂率可分别增加和减少 1%。

制作混凝土强度试验的试件时，应检验混凝土拌合物的坍落度或维勃稠度、黏聚性、保水性及拌合物的表观密度，并以此结果作为代表相应配合比的混凝土拌合物的性能。

(2) 配合比的调整和确定

由于混凝土抗压强度与其灰水比成直线关系，根据试验得出的三组混凝土强度与其相对应的灰水比（C/W），用作图法或计算法求出与混凝土配制强度（$f_{cu,0}$）相对应的灰水比，并应按下列原则确定每立方米混凝土的材料用量：

① 用水量（m_w）。应在基准配合比用水量的基础上，根据制作强度试件时测得的坍落度或维勃稠度进行调整确定。

② 水泥用量（m_c）。应以用水量乘以求出的灰水比计算确定。

③ 粗骨科和细集料用量（m_g 和 m_s）。应在基准配合比的粗集料和细集料用量的基础上，按求出的灰水比进行调整后确定。

经试配确定配合比后的混凝土，尚应按下列步骤进行校正：

A. 应根据前面确定的材料用量按下式计算混凝土的表观密度计算值 $\rho_{c,c}$：

$$\rho_{c,c} = m_c + m_g + m_s + m_w$$

式中，m_c、m_s、m_g 和 m_w 分别指每立方米混凝土的水泥、砂、石、水的用量。

B. 按下式计算混凝土配合比校正系数 δ：

$$\delta = \frac{\rho_{c,t}}{\rho_{c,c}}$$

式中 $\rho_{c,t}$——混凝土表观密度实测值，kg/m^3；

$\rho_{c,c}$——混凝土表观密度计算值，kg/m^3。

C. 当混凝土表观密度实测值与计算值之差的绝对值不超过计算值2%时，前面确定的配合比即为确定的设计配合比；当两者之差超过2%时，应将配合比中每项材料用量均乘以校正系数 δ，即为确定的设计配合比。

若对混凝土还有其他技术性能要求，如抗渗等级、抗冻等级、高强、泵送、大体积等方面要求，混凝土的配合比设计应按《普通混凝土配合比设计规程》（JGJ 55—2000）的有关规定进行。

161. 什么是施工配合比？如何确定？

设计配合比时是以干燥材料为基准的，而工地存放的砂、石料都含有一定的水分。所以，现场材料的实际称量应按工地砂、石的含水情况进行修正，修正后的配合比，叫作施工配合比。施工配合比按下列公式计算：

$$m_c' = m_c$$
$$m_s' = m_s(1 + W_s)$$
$$m_g' = m_g(1 + W_g)$$
$$m_w' = m_w - m_s \cdot W_s - m_g \cdot W_g$$

式中，W_s 和 W_g 分别为砂的含水率和石子的含水率；m_c'、m_s'、m_g' 和 m_w' 分别为修正后每立方米混凝土拌合物中水泥、砂、石和水的用量，kg。

162. 什么是高强混凝土？其原材料要求及配合比设计与普通混凝土有何差别？

目前，世界各国使用的混凝土，其平均强度和最高强度都在不断提高，高强混凝土所定义的强度也不断提高。在我国，高强混凝土是指强度等级为 C60 及其以上的混凝土。但一般来说，混凝土强度等级越高，其脆性越大，增加了混凝土结构的不安全因素。

高强混凝土可通过采用高强度水泥、优质集料、较低的水灰比、高效外加剂和矿物掺合料，以及强烈振动密实作用等方法取得。《普通混凝土配合比设计规程》（JGJ 55—2000）对高强混凝土作出了原料及配合比设计的规定。

配制高强度混凝土的原材料要求：①应选用质量稳定、强度等级不低于 42.5 级的硅酸盐水泥或普通硅酸盐水泥。②强度等级为 C60 级的混凝土，其粗集料的最大粒径不应大于 31.5mm；强度等级高于 C60 级的混凝土，其粗集料的最大粒径不应大于 25mm，并严格控制其针片状颗粒含量、含泥量和泥块含量。③细集料的细度模数宜大于2.6，并严格控制其含泥量和泥块含量。④配制高强混凝土时应掺用高效减水剂或缓凝高效减水剂。⑤配制高强混凝土时应掺用活性较好的矿物掺合料，且宜复合使用矿物掺合料。

高强混凝土配合比设计的计算方法和步骤与普通混凝土基本相同。对C60级混凝土仍可用混凝土强度经验公式确定水灰比，但对C60以上等级的混凝土是按经验选取基准配合比中的水灰比。

每立方米高强混凝土水泥用量不应大于550kg；水泥和矿物掺合料的总量不应大于600kg。配制高强混凝土所用砂及所采用的外加剂和矿物掺合料的品种、掺量，应通过试验确定。当采用三个不同配合比进行混凝土强度试验时，其中一个应为基准配合比，另两个配合比的水灰比，宜较基准配合比分别增加和减少0.02~0.03；高强混凝土设计配合比确定后，尚应用该配合比进行不少于6次的重复试验进行验证，其平均值不应低于配制强度。

163. 如何配制抗渗混凝土？

混凝土的抗渗性能是用抗渗等级来衡量的，抗渗混凝土是指抗渗等级等于或大于P6级的混凝土。混凝土的抗渗等级的选择是根据最大作用水头与建筑物最小壁厚的比值来确定的。通过改善混凝土组成材料的质量、优化混凝土配合比和集料级配、掺加适量外加剂，使混凝土内部密实或是堵塞混凝土内部毛细管通路，可使混凝土具有较高的抗渗性能。《普通混凝土配合比设计规程》(JGJ 55—2000)对抗渗混凝土作出了相关的规定。

（1）抗渗混凝土所用原材料的要求：

① 粗集料宜采用连续级配，其最大粒径不宜大于40mm，含泥量不得大于1.0%，泥块含量不得大于0.5%；

② 细集料的含泥量不得大于3.0%，泥块含量不得大于1.0%；

③ 外加剂宜采用防水剂、膨胀剂、引气剂、减水剂或引气

减水剂；

④ 抗渗混凝土宜掺用矿物掺合料。

（2）抗渗混凝土配合比的计算方法和试配步骤与普通混凝土相同，但应符合下列规定：

① 每立方米混凝土中的水泥和矿物掺合料总量不宜小于320kg；

② 砂率宜为35%~45%；

③ 供试配用的最大水灰比符合有关规定。

掺用引气剂的抗渗混凝土，其含气量宜控制在3%~5%。进行抗渗混凝土配合比设计时，尚应增加抗渗性能试验。试配要求的抗渗水压值应比设计值提高0.2MPa。试配时，宜采用水灰比最大的配合比作抗渗试验，其试验结果应符合下式要求：

$$P_t \geq \frac{P}{10} + 0.2$$

式中　P_t——6个试件中4个未出现渗水时的最大水压值，MPa；

　　　P——设计要求的抗渗等级值。

掺引气剂的混凝土还应进行含气量试验，其含气量宜控制在3%~5%。

164. 纤维混凝土有何特点？

纤维混凝土是以混凝土为基体，外掺各种纤维材料而成。掺入纤维的目的是提高混凝土的抗拉强度，降低其脆性。常用纤维材料有：玻璃纤维、矿棉、钢纤维、碳纤维和各种有机纤维。

各类纤维中以钢纤维对抑制混凝土裂缝的形成、提高混凝土抗拉和抗弯强度、增加韧性效果最好。但为了节约钢材，目前国内外都在研制采用玻璃纤维、矿棉等来配制纤维混凝土。在纤维混凝土中，纤维的含量、纤维的几何形状以及纤维的分布情况，对于纤维混凝土的性能有着重要影响。钢纤维混凝土一般可提高抗拉强度2倍左右；抗弯强度可提高1.5~2.5倍；抗冲击强度可提高5倍以上，甚至可达20倍；而韧性甚至可达100倍以上。目前，纤维混凝土已逐渐地应用于飞机跑道、桥面、端面较薄的轻型结构和压力管道等。

165. 不同种类聚合物混凝土有何特点？

聚合物混凝土是由有机聚合物、无机胶凝材料和集料结合而成的一种新型混凝土。聚合物混凝土体现了有机聚合物和无机胶凝材料的优点，克服了水泥混凝土的一些缺点。聚合物混凝土一般可分为三种：聚合物水泥混凝土、聚合物浸渍混凝土和树脂混凝土。

聚合物水泥混凝土是用聚合物乳液拌合水泥，并掺入砂或其他集料而制成的。聚合物的硬化和水泥的水化同时进行，并且两者结合在一起形成一种复合材料。主要用于铺设无缝地面，修补混凝土路面和机场跑道面层，做防水层等。

聚合物浸渍混凝土是以普通混凝土为基材（被浸渍的材料），而将有机单体渗入混凝土中，然后再用加热或用放射线照射等方法使其聚合，使混凝土与聚合物形成一个整体。

树脂混凝土是一种完全没有无机胶凝材料而以合成树脂为胶结材料的混凝土。所用的集料与普通混凝土相同，也可用特殊集料。树脂混凝土除强度高、抗冻融性能好外，还具有一系列优良的性能。由于其致密，抗渗性好，耐化学腐蚀性能亦远优于普通混凝土。但这种混凝土成本较高，只能用于耐腐蚀工程等特殊工程。如，某有色冶金厂的铜电解槽，使用温度为 65~70℃。槽内使用的主要介质为硫酸、铜离子、氯离子和其他金属阳离子。原使用传统的铅板作防腐衬里，易损坏，使用寿命较短。后采用整体呋喃树脂混凝土作电解槽，耐腐蚀，不导电，不仅保证电解铜的生产质量，还大大提高了金银的回收率，且使用寿命延长两年以上。呋喃树脂混凝土耐酸、耐腐蚀，绝缘电阻亦相当高，对试块作测试可达 $7 \times 10^7 \Omega$，用作铜电解槽有优异的性能。还需说明的是，树脂混凝土的耐化学腐蚀性能又因树脂品种不同而异，若采用不饱和聚酯树脂的混凝土，除耐一般酸腐蚀外，还可耐低浓度强酸的腐蚀。

166. 泵送混凝土与普通混凝土的配合比设计有何差别？

泵送混凝土是指其拌合物的坍落度不低于100mm，并用泵送施工的混凝土。泵送混凝土除需满足工程所需的强度外，还需要满足流动性、不离析和少泌水的泵送工艺的要求。

由于采用了独特的泵送施工工艺，因而其原材料和配合比与普通混凝土不同。《普通混凝土配合比设计规程》（JGJ 55—2000）对泵送混凝土作出了规定。泵送混凝土应选用硅酸盐水泥、普通水泥、矿渣水泥和粉煤灰水泥，不宜采用火山灰水泥；并对其集料、外加剂及拌合料亦作出了规定。

泵送混凝土配合比的计算和试配步骤除按普通混凝土配合比设计规程的有关规定外，还应符合以下规定：

（1）泵送混凝土的用水量与水泥和矿物掺合料的总量之比不宜大于0.60；

（2）泵送混凝土的水泥和矿物掺合料的总量不宜小于300kg/m^3；

（3）泵送混凝土的砂率宜为35%~45%；

（4）掺用引气型外加剂时，其混凝土含气量不宜大于4%。

167. 路面水泥混凝土混合料配合比设计及材料有何特点？

公路水泥混凝土路面混合料配合比设计应根据弯拉强度、耐久性、耐磨性、和易性等要求和经济合理性的原则，选用原材料，通过计算、试验和必要的调整确定。所选用的水泥特点是耐磨性好、干缩小、抗冻性好、抗冲击性好，有高的抗折强度和良好的耐久性。如可以选用有较高铁铝酸钙含量的道路硅酸盐水泥、硅酸盐水泥和普通硅酸盐水泥。

168. 建筑砂浆常用的胶结材料有哪些？如何选择？

建筑砂浆常用的胶结材料有：水泥、石灰、石膏等。在选用时应根据使用环境、用途等合理选择。在干燥条件下使用的砂浆，可选用气硬性胶凝材料（石灰、石膏），也可选用水硬性胶凝材料（水泥）；若在潮湿环境或水中使用的砂浆，则必须选用水泥作为胶结材料。

砌筑砂浆用水泥的强度等级应根据设计要求进行选择。为合理利用资源、节约材料，在配制砂浆时要尽量选用低强度等级水泥或砌筑水泥。水泥砂浆采用的水泥，其强度等级不宜大于32.5级；水泥混合砂浆采用的水泥，其强度等级不宜大于42.5级。

169. 什么是砂浆掺加料？有哪些品种的砂浆掺加料？

掺加料是指为改善砂浆和易性而加入的无机材料，如：石灰膏、电石膏、黏土膏、粉煤灰等。掺加料对砂浆强度无直接贡献。

（1）石灰膏。为了保证砂浆质量，需将生石灰熟化成石灰膏后，方可使用。生石灰熟化成石灰膏时，应用孔径不大于3mm×3mm的网过滤，熟化时间不得少于7d；磨细生石灰粉的熟化时间不得小于2d。

所用的磨细生石灰需满足行业标准《建筑生石灰粉》（JC/T 480—92）的要求。为了保证石灰膏质量，沉淀池中储存的石灰膏，应采取防止干燥、冻结和污染的措施。严禁使用脱水硬化的石灰膏，因为脱水硬化的石灰膏不但起不到塑化作用，还会影响砂浆强度。

（2）黏土膏。黏土膏必须达到所需的细度，才能起到塑化作用。采用黏土或亚黏土制备黏土膏时，宜用搅拌机加水搅拌，并通过孔径不大于3mm×3mm的网过筛。

黏土中有机物含量过高会降低砂浆质量，因此，用比色法鉴定黏土中的有机物含量时应浅于标准色。

（3）电石膏。制作电石膏的电石渣应用孔径不大于3mm×

3mm 的网过滤,检验时应加热至 70℃并保持 20min,没有乙炔气味后,方可使用。

需要指出的是,消石灰粉是未充分熟化的石灰,颗粒太粗,起不到改善砂浆和易性的作用。因而,消石灰粉不得直接用于砌筑砂浆中。

为了使膏类(石灰膏、黏土膏、电石膏等)物质的含水率有一个统一可比的标准,《砌筑砂浆配合比设计规程》(JGJ 98—2000)规定:石灰膏、黏土膏和电石膏试配时的稠度,应为120±5mm。

(4)粉煤灰。粉煤灰的品质指标应符合国家标准《用于水泥和混凝土中的粉煤灰》(GB 1596—2005)的要求。

170. 配制砂浆时,为什么除水泥外常常还要加入一定量的其他胶凝材料?

因为使用水泥配制砂浆时,一般水泥的强度等级远大于砂浆的强度等级,因而用少量的水泥即可满足强度要求。但水泥用量较少时(如少于 350kg 时),砂浆的流动性和保水性往往很差,特别是保水性。因此,严重地影响砂浆的施工质量,故常加入一些廉价的其他胶凝材料来提高砂浆的流动性,特别是保水性。

171. 什么是砂浆拌合物的和易性?它包括哪两方面的内容?

砂浆拌合物与混凝土拌合物相似,应具有良好的和易性。砂浆和易性指砂浆拌合物是否便于施工操作,并能保证质量均匀的综合性质,包括流动性和保水性两个方面。

(1)砂浆的流动性(稠度)。指砂浆在自重或外力作用下流动的性能,也称为稠度。

稠度是以砂浆稠度测定仪的圆锥体沉入砂浆内深度(mm)表示。圆锥沉入深度越大,砂浆的流动性越大。若流动性过大,砂浆易分层、析水;若流动性过小,则不便施工操作,灰缝不易填充，所以，新拌砂浆应具有适宜的稠度。

影响砂浆稠度的因素有：所用胶结材料种类及数量；用水量；掺加料的种类与数量；砂的形状、粗细与级配；外加剂的种类与掺量；搅拌时间。

（2）保水性。指砂浆拌合物保持水分的能力。保水性好的砂浆在存放、运输和使用过程中，能很好地保持水分不至很快流失，各组分不易分离，在砌筑过程中容易铺成均匀密实的砂浆层，能使胶结材料正常水化，最终保证了工程质量。砂浆的保水性用分层度表示。

172. 如何选择砂浆稠度？

砂浆稠度的选择与砌体材料的种类、施工条件及气候条件等有关。对于吸水性强的砌体材料和高温干燥的天气，要求砂浆稠度要大些；反之，对于密实不吸水的砌体材料和湿冷天气，砂浆稠度可小些。砂浆稠度可按表4-11选用。

建筑砂浆流动性稠度选择　　　　　　　　　表4-11

砌体种类	砂浆稠度（mm）	砌体种类	砂浆稠度（mm）
烧结普通砖砌体	70~90	烧结普通砖平拱式过梁	50~70
轻集料混凝土小型空心砌块砌体	60~90	空斗墙、筒拱普通混凝土小型空心砌块砌体	
烧结多孔砖、空心砖砌体	60~80	石砌体	30~50

173. 如何测定砂浆的分层度？如何改善砂浆的保水性？

砂浆的保水性用分层度表示。分层度试验方法是：砂浆拌合物测定其稠度后，再装入分层度测定仪中，静置30min后取底部1/3砂浆再测其稠度，两次稠度之差值即为分层度（以mm表示）。

砂浆的分层度不得大于30mm。分层度过大（如大于30mm），砂浆容易泌水、分层或水分流失过快，不便于施工；分层度过小（如小于10mm），砂浆过于干稠不易操作，易出现干缩开裂。可通过如下方法改善砂浆保水性：

（1）保持一定数量的胶结材料和掺加料。1m³ 水泥砂浆中水泥用量不宜小于200kg；水泥混合砂浆中水泥和掺合料总量应在 300~350kg 之间。

（2）采用较细砂并加大掺量。

（3）掺入引气剂。

174. 设计砌筑砂浆的配合比应满足哪些基本要求？

砌筑砂浆配合比设计应满足以下基本要求：

（1）砂浆拌合物的和易性应满足施工要求，且拌合物的体积密度应达到以下要求：水泥砂浆体积密度不小于 1900kg/m³；水泥混合砂浆体积密度不小于 1800kg/m³。

（2）砌筑砂浆的强度、耐久性应满足设计要求。

（3）经济上应合理，水泥及掺加料的用量不应过多。

175. 砂浆的抗压强度与强度等级的关系如何？影响砂浆强度的因素有哪些？

砌筑砂浆的强度用强度等级来表示。砂浆强度等级是以边长为 70.7mm 的立方体试件，在标准养护条件下，用标准试验方法测得 28d 龄期的抗压强度值（MPa）确定。标准养护条件为：温度：20±3℃；相对湿度：水泥砂浆大于 90%，混合砂浆 60%~80%。

砌筑砂浆的强度等级宜采用 M20、M15、M10、M7.5、M5、M2.5 等六个等级。

影响砂浆强度的因素很多，除了砂浆的组成材料、配合比、施工工艺等因素外，砌体材料的吸水率也会对砂浆强度产生影响。

（1）不吸水砌体材料：当所砌筑的砌体材料不吸水或吸水率很小时（如密实石材），砂浆组成材料与其强度之间的关系与混凝土相似，主要取决于水泥强度和水灰比。计算公式如下：

$$f_{m,0} = A f_{ce}\left(\frac{C}{W} - B\right)$$

式中　$f_{m,0}$——砂浆28d抗压强度，MPa；
　　　f_{ce}——水泥的实际强度，确定方法与混凝土中相同，MPa；
　　　C/W——灰水比（水泥与水质量比）；
　　　A、B——回归系数。

（2）吸水砌体材料：当砌体材料具有较高的吸水率时，虽然砂浆具有一定的保水性，但砂浆中的部分水仍会被砌体吸走。因而，即使砂浆用水量不同，经基底吸水后保留在砂浆中的水分却大致相同。这种情况下，砌筑砂浆的强度主要取决于水泥的强度及水泥用量，而与拌合水量无关。强度计算公式如下：

$$f_{m,0} = \frac{\alpha \cdot f_{ce} \cdot Q_c}{1000} + \beta$$

式中　Q_c——每立方米砂浆的水泥用量，kg/m^3；
　　　$f_{m,0}$——砂浆的配制强度，MPa；
　　　f_{ce}——水泥的实测强度，MPa；
　　　α、β——砂浆的特征系数，当为水泥混合砂浆时，$\alpha = 3.03$，$\beta = -15.09$。

176. 影响砂浆的粘结强度的因素有哪些？

砂浆与砌体材料的粘结力大小，对砌体的强度、耐久性、抗震性都有较大影响。影响砂浆粘结力的因素有：

（1）砂浆的抗压强度：抗压强度越高，与砖石的粘结力也越大。

（2）砖石的表面状态、清洁程度、湿润状况：如砌筑加气混凝土砌块前，表面先洒水，清扫表面，都可以提高砂浆与砌块的粘结力，提高砌体质量。

（3）施工操作水平及养护条件。

177. 砌筑砂浆如何进行配合比试配、调整与确定？

按计算或查表所得配合比进行试拌时，应测定其拌合物的稠度和分层度，当不能满足要求时，应调整材料用量，直到符合要求为止。然后确定为试配时的砂浆基准配合比（即计算配合比经试拌后，稠度、分层度已合格的配合比）。

为了使砂浆强度能在计算范围内，试配时应采用三个不同的配合比。其中一个为基准配合比，其他配合比的水泥用量应按基准配合比分别增加及减少10%。在保证稠度、分层度合格的条件下，可将用水量或掺加料用量作相应调整。

对三个不同的配合比进行调整后，按《建筑砂浆基本性能试验方法》(JGJ 70)的规定成型试件，测定砂浆强度，并选定符合试配强度要求的且水泥用量最低的配合比作为砂浆配合比。

178. 抹面砂浆与砌筑砂浆相比有哪些特点？

抹面砂浆是指涂抹在基底材料的表面，兼有保护基层和增加美观作用的砂浆。与砌筑砂浆相比，抹面砂浆具有以下特点：

（1）抹面层不承受荷载；

（2）抹面层与基底层要有足够的粘结强度，使其在施工中或长期自重和环境作用下不脱落、不开裂。

（3）抹面层多为薄层并分层涂抹，面层要求平整、光洁、细致、美观；

（4）多用于干燥环境，大面积暴露在空气中。

179. 以硫铁矿渣代替建筑用砂来配制砌筑砂浆，一年后出现严重裂缝，何故？

某工程采用含硫量较高的硫铁矿渣代替建筑砂来配砌筑砂浆。由于硫铁矿渣中的三氧化硫和硫酸根与砂浆中的水泥或石灰膏反应，生成硫铁酸钙或硫酸钙，产生体积膨胀。而其硫含量较多，在砂浆硬化后不断生成此类体积膨胀的水化产物，致使砌体产生裂缝，抹灰层起壳。需要说明的是，该段时间上的硫铁矿渣含硫较高，不仅此项工程出问题，许多使用硫铁矿渣的工程亦出现类似的质量问题，关键是矿渣的硫含量高。

180. 正在研发的自愈合混凝土有何特点？

混凝土在完工后受到荷载时，有的会产生裂纹，此裂纹对建筑物的抗震尤为不利。为此，科学家们正研制自愈合混凝土。自愈合混凝土掺入了胶粘剂，当混凝土出现裂纹时，胶粘剂释放，以修补裂纹。方法之一是把胶粘剂填入中空玻璃纤维，胶粘剂可长期保持其性能。当结构开裂时，玻璃纤维断裂，胶粘剂释放出来。研究表明，这样可以提高开裂部分的强度，并增强延性弯曲能力。

第五章 砌体材料

181. 什么是砌体材料？什么是新型墙体材料？发展新型墙体材料就是取代实心黏土砖吗？

砌体在建筑中起承重、围护或分隔作用。用于砌体的材料品种较多，从形状尺寸可分为砖、砌块和板材。它们与建筑物的功能、自重、成本、工期以及建筑能耗等均有着直接的关系。

砌体材料较多的是用作墙体材料。新型墙体材料是指发展非黏土、节能、利废、改善建筑功能、减少环境污染和原料采掘不破坏生态环境的各类墙体材料。既包括了对新墙材产品质量和性能提出的要求，也包括了对产品的原料资源提出的要求。烧结黏土普通砖具有一定的强度，较好的耐久性及隔声、价格低廉等优点，加上原料取材方便，生产工艺简单，所以是应用历史最久、应用范围最广的墙体材料，一直沿用至今。但它也存在很多缺点，如消耗大量黏土资源，大量毁坏良田，自重大，能耗高，尺寸小，施工效率低，保温隔热和抗震性能较差等，墙体材料的改革势在必行。墙体材料的改革是一个重要而难度大的问题，发展新型墙体材料不仅是取代实心黏土砖的问题。一方面，是保护环境、节约资源、能源；另一方面，是满足建筑结构体系的发展，包括节能等多种功能，并给传统建筑行业带来变革性新工艺，摆脱人海式施工，采用工厂化、现代化、集约化施工。新型墙体材料正朝着大型化、轻质化、节能化、利废化、复合化、装饰化以及集约化等方面发展。

182. 如何识别过火砖和欠火砖？未烧透的欠火砖为何不宜用于地下？

焙烧温度在烧结范围内，且持续时间适宜时，制得的砖质量均匀，性能稳定，称为正火砖。焙烧温度低或焙烧时间不足会形成欠火砖，其中熔融物太少，难以充满砖体内部，粘结不牢，孔隙率大，其色浅、声哑、强度低、耐久性差。若焙烧温度过高，则会形成过火砖。过火砖因为烧成温度过高，产生软化变形，造成外形尺寸极不规整。欠火砖色浅、敲击时声哑；过火砖色较深、敲击时清脆。

未烧透的欠火砖强度低且孔隙率大，吸水率高，耐久性差。当用于地下时，欠火砖吸较多水后的强度进一步下降。故欠火砖不宜用于地下。

183. 什么是烧结普通砖的泛霜和石灰爆裂？它们对建筑物有何影响？

泛霜是指黏土原料中的可溶性盐类，随着砖内水分蒸发而在砖表面产生的盐析现象，一般在砖表面形成絮团状斑点的白色粉末。轻微泛霜就能对清水墙建筑外观产生较大的影响。中等程度泛霜的砖用于建筑中的潮湿部位时，7~8年后因盐析结晶膨胀将使砖体的表面产生粉化剥落，内部孔隙率增大，抗冻性显著下降，在干燥的环境中使用约10年后也将脱落。严重泛霜对建筑结构的破坏性更大。

当生产黏土砖的原料含有石灰石时，则焙烧砖时石灰石会煅烧成生石灰留在砖内，这时的生石灰为过烧生石灰，这些生石灰在砖内会吸收外界的水分消化并产生体积膨胀，导致砖发生膨胀性破坏，这种现象称为石灰爆裂。

石灰爆裂对砖砌体影响较大，轻者影响外观，重者将使砖砌体强度降低直至破坏。砖中石灰质颗粒越大，含量越多，则对砖砌体影响越大。

184. 蒸压灰砂砖有何特点？应用时有哪些注意事项？

蒸压灰砂砖是以石灰和砂为主要原料，允许掺入颜料和外加剂，经坯料制备、压制成型、蒸压养护而成的实心砖，简称灰砂砖。灰砂砖的尺寸规格与烧结普通砖相同，为240mm×115mm×53mm。其表观密度为1800~1900kg/m³，导热系数约为0.61W/(m·K)。灰砂砖与其他材料相比，蓄热能力显著。灰砂砖的表观密度大，隔声性能优越，其生产过程能耗较低。

由于灰砂砖中的一些组分，如水化硅酸钙、氢氧化钙、碳酸钙等不耐酸，也不耐热，若长期受热会发生分解、脱水，甚至还会使石英发生晶型转变，因此灰砂砖应避免用于长期受热高于200℃、受急冷急热交替作用或有酸性介质侵蚀的建筑部位。此外，砖中的氢氧化钙等组分会被流水冲失，所以灰砂砖不能用于有流水冲刷的地方。

灰砂砖的表面光滑，与砂浆粘结力差，所以，其砌体的抗剪强度不如烧结普通砖砌体好，在砌筑时必须采取相应措施，以防止出现渗雨漏水和墙体开裂。刚出釜的灰砂砖不宜立即使用，一般宜存放一个月左右再用。

185. 烧结空心砖与烧结多孔砖有何异同？

烧结空心砖是以黏土、页岩、煤矸石等为主要原料，经焙烧而成。烧结空心砖的特点是：孔洞个数较少但洞腔大，孔洞垂直于顶面平行于大面。使用时大面受压，所以，这种砖的孔洞与承压面平行。烧结空心砖自重较轻，可减轻墙体自重，改善墙体的热工性能等，但强度不高，因而多用作非承重墙，如多层建筑内隔墙或框架结构的填充墙等。烧结多孔砖是以黏土、页岩、煤矸石、粉煤灰为主要原料，经焙烧而成主要用于承重部位的多孔砖。用烧结多孔砖和烧结空心砖代替实心的烧结普通砖，可以减轻墙体自重1/4~1/2、提高工作效率约40%，节约黏土14%~40%，节约燃料10%~20%，而且还改善了墙体的热工性能，减少了建筑能耗。烧结空心砖与烧结多孔砖有几方面的差别：

① 两种砖孔洞率均有要求，烧结空心砖的孔洞率≥35%；烧结多孔砖的孔洞率≥25%。

② 烧结多孔砖的砖孔尺寸小而数量多，多为竖孔，烧结空心砖的砖孔尺寸大而数量小，多为水平孔。

③ 烧结多孔砖的强度等级按抗压强度和抗折荷重来评定，烧结空心砖的强度等级则是根据砖的大面和条面的抗压强度来评定。

④ 烧结多孔砖常用于承重部位，烧结空心砖常用于非承重部位。

186. 影响烧结空心砖的热工性能有哪些因素？

烧结空心砖的孔洞率一般大于35%。影响其热工性能的因素有：

① 孔洞率及表观密度。一般空心砖的导热系数与其孔洞率成反比，孔洞率越大，其导热系数越小，保温性能也越好。一般空心砖的表观密度越小，其导热系数越小，保温性能也越好。

② 空心砖的孔洞大小。在同样孔洞率的空心砖中，小型孔洞的空心砖比大型孔洞的空心砖导热系数低。

③ 空心砖的孔型。在空心砖的外壁和内壁厚度相同的条件下，不同孔型对空心砖的导热系数影响也较大，矩形孔的导热系数最小，其余依次为菱形、方形、圆形。

④ 空心砖的孔洞排列。在同样孔洞率的条件下，孔洞多排排列，尤其是小孔、多排的空心砖的导热系数小。

⑤ 空心砖的砌筑方法。一般空心砖的顺向和丁向的导热系数不同。空心砖的砌筑方法有露颊法、露头法和混合法。采用不同的砌筑方法时，应选用与砌筑方向相对应的导热系数较小的空心砖。

187. 为何某些砖混结构房子浸水后会倒塌？

某些砖混结构房子浸水后会倒塌关键在于砖和砌筑砂浆的质量，砖和砂浆被积水浸泡后强度下降也是一个原因。

如：某县城于1997年7月8日至10日遭受洪灾，某住宅楼底部自行车库进水，12日上午倒塌，墙体破坏后部分呈粉末状，该楼为5层半砖砌体承重结构。在残存的北纵墙基础上随机抽取20块砖进行试验。自然状态下实测抗压强度平均值为5.85MPa，低于设计要求的MU10砖抗压强度。从砖厂成品堆中随机抽取了砖测试，抗压强度十分离散，高的达21.8MPa，低的仅5.1MPa。该砖的质量差。现场检测结果砖的强度低于MU7.5。该砖厂土质不好，砖匀质性差，砖的软化系数小，质量差的砖软化系数更小，被积水浸泡过，强度大幅度下降。故部分砖破坏后呈粉末状。还需说明的是，其砌筑砂浆强度低，粘结力差，故浸水后楼房倒塌。

188. 为何用出釜几天的灰砂砖砌筑墙体易出现裂缝？

灰砂砖出釜后含水量较高。在较干燥的环境下，其含水量随时间而减少，20多天后才基本稳定。出釜时间太短必然导致灰砂砖干缩大，砌筑墙体易出现裂缝。

如：新疆某石油基地库房砌筑采用蒸压灰砂砖，由于工期紧，灰砂砖亦紧俏。出厂4天的灰砂砖即进行砌筑。8月工程完工，后来发现墙体有较多垂直裂缝，至11月底裂缝基本固定。这是因为砌筑工程使用了出釜时间仅四天的灰砂砖，出釜时间太短必然导致灰砂砖的干缩大。另外是气温影响，砌筑时气温很高，几个月后气温明显下降，而温差也导致灰砂砖收缩变形。再者，该灰砂砖表面光滑，砂浆与砖的粘结程度较低。以上原因综合起来导致其墙体出现裂缝。

189. 蒸压加气混凝土砌块的特性有哪些？应用情况如何？

（1）多孔轻质：一般加气混凝土砌块的孔隙率达70%~80%，平均孔径约在1mm。其导热系数为0.14~0.28W/(m·K)，只有黏土砖的1/5，保温隔热性能好。用作墙体可降低建筑物采暖、制冷等使用能耗。加气混凝土砌块的表观密度小，一般为黏土砖的1/3。

（2）有一定的耐热和良好的耐火性能：加气混凝土属不燃材料，在受热至80~100℃以上时会出现收缩和裂缝，但是在700℃以下不会损失强度，具有一定的耐热性能。

（3）有一定的吸声能力，但隔声性能较差：加气混凝土的吸声系数为0.2~0.3。由于其孔结构大部分并非连通孔，吸声效果受到一定的限制。轻质墙体的隔声性能都较差，加气混凝土也不例外。这是由于墙体隔声受"质量定律"支配，即单位面积墙体重量越轻，隔声能力越差。用加气混凝土砌块砌筑的150mm厚加双面抹灰的墙体，对100~3150Hz平均隔声量为43dB。

（4）干燥收缩大：和其他材料一样，加气混凝土干燥收缩，吸湿膨胀。在建筑应用中，如果干燥收缩过大，在有约束阻止变形时，收缩形成的应力超过了制品的抗拉强度或粘结强度，制品或接缝处就会出现裂缝。为避免墙体出现裂缝，必须在结构和建筑上采取一定的措施。而严格控制制品上墙时的含水率也是极其重要的，最好控制上墙时的含水率在20%以下。

（5）吸水导湿缓慢并具有较好的抗渗性：由于加气混凝土砌块的气孔大部分是"墨水瓶"结构的气孔，只有少部分是水分蒸发形成的毛细孔。所以，孔隙的肚大口小，毛细管作用较差，导致砌块吸水导湿缓慢的特性。其孔隙绝大部分是封闭的，相互不连通，故具有较好的抗渗性。

还需说明的是，加气混凝土砌块应用于外墙时，应进行饰面处理或憎水处理。因为风化和冻融会影响加气混凝土砌块的寿命。长期暴露在大气中，日晒雨淋，干湿交替，加气混凝土会风化而产生开裂破坏。在局部受潮时，冬季有时会产生局部冻融破坏。

加气混凝土砌块广泛用于一般建筑物墙体，可用于多层建筑物的非承重墙及隔墙，也可用于低层建筑的承重墙。体积密度级别低的砌块还用于屋面保温。

190. 建筑物的哪些部位不应使用加气混凝土砌块砌筑墙体？

根据加气混凝土砌块的特性，建筑物的以下一些部位不应使用其砌筑墙体：
（1）长期受潮或经常出现干湿交替的部位。
（2）受酸等化学腐蚀环境的部位。
（3）常处于80℃以上的高温环境部位。
（4）屋面女儿墙墙体。

191. 孔隙率高的砌体材料是否抗渗性就差？

孔隙率高的砌体材料抗渗性不一定就差，关键是孔隙的结构，孔隙封闭，相互不连通，渗水的毛细管道少，其抗渗性就较好。反之，孔隙相互连通，其抗渗性就较差。如蒸压加气混凝土砌块的孔隙率高，但仍具有较好的抗渗性。蒸压加气混凝土砌块的孔隙包括两类：一是由铝粉发气形成，这类气孔占大部分，另外少部分是水分蒸发形成的毛细孔。这些孔隙绝大部分是封闭的，相互不连通，渗水的毛细管道很少，故具有较好的抗渗性。

192. 在加气混凝土砌块砌筑的墙上浇一次水后马上抹普通砂浆，为何易出现干裂或空鼓？

加气混凝土砌块的气孔大部分是"墨水瓶"结构，只有少部分是水分蒸发形成的毛细孔，肚大口小，毛细管作用较差，故吸水导热缓慢。烧结普通砖淋水后易吸足水，而加气混凝土表面浇水不少，实则吸水不多，故可分多次浇水。用一般的砂浆抹灰易被加气混凝土吸去水分，而易产生干裂或空鼓。采用保水性好、粘结强度高的专用砂浆，可不必浇水，使用得当可避免出现干裂或空鼓。

193. 为何有的砖混结构的平屋面住宅在顶层墙体会出现正八字裂缝？

由于平屋面和墙体所受高温和太阳辐射不同，温度差异大，如有的地区夏季屋面上表面最高温度可达60℃，而顶层内墙体的平均最高温度仅为30℃左右。其他各层楼板和墙体的温度逐层降低。为此，建筑物的变形出现明显差异，其中屋盖顶板与墙体的变形差异最大，顶板对墙体产生水平推力，导致墙体开裂，形成八字缝。

需要说明的是，在屋面上设通风隔热层，可大大减少顶板与墙体温差，对防止墙体开裂有利。屋面板表面的保温防水材料宜用浅色材料，减少吸收辐射热。

194. 常用的墙体用板材有哪些特点？

墙体材料除砖与砌块外，还有墙用板材。我国目前可用于墙体的板材品种较多，各种板材都有其特色。板的形式分为薄板类、条板类和轻型复合板类三种。条板类墙用板材有轻质陶粒混凝土条板、石膏空心条板、蒸压加气混凝土空心条板等。

薄板类墙用板材有GRC平板、纸面石膏板、蒸压硅酸钙板、水泥刨花板、水泥木屑板等。

（1）GRC平板：全名为玻璃纤维增强低碱度水泥轻质板，由耐碱玻璃纤维、低碱度水泥、轻集料与水为主要原料所制成。

此类板材具有密度低、韧性好、耐水、不燃、易加工等特点。可用作建筑物的内隔墙与吊顶板，经表面压花、被复涂层后，也可用作外墙的装饰面板。

（2）纸面石膏板：纸面石膏板是以建筑石膏为胶凝材料，并掺入适量添加剂和纤维作为板芯，以特制的护面纸作为面层的一种轻质板材。纸面石膏板按其用途可分为：普通纸面石膏板、耐水纸面石膏板、耐火纸面石膏板三类。

① 普通纸面石膏板可用于一般工程的内隔墙、墙体复合板、天花板和预制石膏板复合隔墙板。在厨房、厕所以及空气相对湿度经常大于70%的湿环境使用时，必须采取相应防潮措施。

② 耐水纸面石膏板可用于相对湿度大于75%的浴室、厕所等潮湿环境的吊顶和隔墙，如两面再做防水处理，效果更好。

③ 耐火纸面石膏板主要用于对防火有较高要求的房屋建筑中。

195. 砌筑石材是如何分类的？

（1）按岩石的形成分类：根据组成砌筑石材的岩石形成地质条件不同，可分为岩浆岩、沉积岩和变质岩。

（2）按外形分类：岩石经加工成块状或散粒状则称为石材。砌筑石材按其加工后的外形规则程度分为料石和毛石。

① 料石：砌筑用料石，按其加工面的平整程度可分为细料石、半细料石、粗料石和毛料石四种。料石外形规则，截面的宽度、高度不小于200mm，长度不宜大于厚度的4倍。料石根据加工程度分别用于建筑物的外部装饰、勒脚、台阶、砌体、石拱等。

② 毛石：毛石指采石场爆破后直接得到的形状不规则的石块，其中部厚度不小于150mm，挡土墙用毛石中部厚度不小于200mm。毛石又有乱毛石和平毛石之分，乱毛石是指形状不规则的石块，平毛石是指形状不规则，但有两个平面大致平行的石块。毛石主要用于基础、挡土墙、毛石混凝土等。

196. 不同种类的岩石如何根据其特点予以应用？

不同种类的岩石各有特点，需合理应用。如岩浆岩根据岩浆冷却条件的不同，又分为深成岩、喷出岩和火山岩三种，各有不同特点。

深成岩是岩浆在地壳深处，在很大的覆盖压力下缓慢冷却而成的岩石，其特性是：构造致密，表观密度大，抗压强度高，吸水率小，抗冻性好，耐磨性好，耐久性很好。建筑上常用的深成岩有：花岗石、闪长石、辉长石等，可用于基础等石砌体及装饰。

喷出岩是熔融的岩浆喷出地表后，在压力降低、迅速冷却的条件下形成的岩石。当喷出的岩浆层厚时，形成的岩石其特性近似深成岩；若喷出的岩浆层较薄时，则形成的岩石常呈多孔结构。建筑上常用的喷出岩有：玄武石、辉绿石等，可用于基础、桥梁等石砌体。

火山岩又称火山碎屑岩。火山岩都是轻质多孔结构的材料。砌筑石材常用的火山岩有：浮石等。浮石可用作轻质骨料，配制轻骨料混凝土用作墙体材料。

沉积岩又称水成岩。沉积岩是由原来的母岩风化后，经过风吹搬迁、流水冲移以及沉积成岩作用，在离地表不太深处形成的岩石。与火成岩相比，其特性是：结构致密性较差，容重较小，孔隙率及吸水率均较大，强度较低，耐久性也较差一些。建筑上常见沉积岩有：石灰石、砂岩、页岩等，可用于基础、墙体、挡土墙等石砌体。

变质岩是由原生的火成岩或沉积岩，经过地壳内部高温、高压等变化作用后而形成的岩石。其中沉积岩变质后，性能变好，结构变得致密，坚实耐久，如石灰岩变质为大理石；而火成岩经变质后，性质反而变差，如花岗石变质成的片麻石，易产生分层剥落，使耐久性变差。建筑上常用的变质岩有：大理石、片麻石、石英石、板石等。片麻石可用于一般建筑工程的基础、勒脚等石砌体。

另外，天然石材抗压强度的大小，取决于岩石的矿物成分、结晶粗细、胶结物质的种类及均匀性，以及荷载和解理方向等因素。从岩石结构角度考虑，具有结晶结构的天然石料，其强度比玻璃质的高，细粒结晶的比中粒或粗粒结晶的强度高，等粒结晶的比斑状的强度高，结构疏松多孔的天然石料，强度远逊于构造均匀致密的石料。具有层理、片状构造的石料，其垂直于层理、片理方向的强度较平行于层理、片理的高。对于有层理、片理构造的天然石料，在测定抗压强度时，其受力方向应与石料在砌体中的实际受力方向相同。

197. 是否所有石材都适用于地下基础？

不一定。不同种类的石材耐水性有较大的差别。用于水下或受潮严重的重要结构，其软化系数应不小于 0.85。石材耐水性按其软化系数分为高、中、低三等。软化系数大于 0.9 者为高耐水性石材，软化系数为 0.7~0.9 者为中等耐水性石材，软化系数为 0.6~0.7 者为低耐水性石材。软化系数低于 0.6 的石材一般不允许用于重要建筑。

另外，还需考虑石材的其他技术性能。砌筑石材的力学性能主要是考虑其抗压强度，除了考虑抗压强度外，根据工程需要，还应考虑它的抗剪强度、冲击韧性等。石材的耐久性主要包括有抗冻性、抗风化性、耐水性、耐火性和耐酸性等。

198. 选用天然石材的原则是什么？为什么一般大理石板材不宜用于室外？

选用天然石材时应满足以下几方面的要求：

（1）适用性。是指在选用建筑石材时，应针对建筑物不同部位，选用满足技术要求的石材。如对于结构用的石材，主要技术要求是石材的强度、耐水性、抗冻性等；对于饰面用石材，主要技术要求是尺寸公差、表面平整度、光泽度和外观缺陷。

（2）经济性。由于天然石材自重大，开采运输不方便，故应贯彻就地取材原则，以缩短运距，降低成本。同时，天然岩石雕琢加工困难，加工耗时费工，成本高。一些名贵石材，价格高昂，因此选材时必须慎重考虑。

（3）色彩。石材装饰必须与建筑环境相协调，其中色彩相融性尤其重要。因此，选用天然石材时，必须认真考虑所选石材的颜色与纹理，力争最佳装饰效果。

大理石是沉积岩或变质岩中碳酸盐类岩石的商品名称，它包括大理岩、白云岩、石灰岩、页岩和板岩等岩石。它主要以镜面板材的形式用作室内的饰面材料，如墙裙、柱面、栏杆、楼梯和地面等。大理石的主要化学成分为碳酸盐，当大理石长期受雨水冲刷，特别是受酸性雨水冲刷时，在空气中的二氧化硫作用下会生成易于溶于水的石膏，使大理石的表面被侵蚀，从而失去原貌和光泽，影响装饰效果，因此，一般大理石板材不宜用于室外装饰。

199. 花岗石包括哪些岩石？使用时应注意什么问题？

花岗石是作为石材开采而用作装饰材料的各类岩浆岩及其变质岩的统称。它包括花岗岩、安山岩、辉绿岩、辉长岩、片麻岩等。

花岗石作为饰面板材，分为普通板材与异型板材；按表面加工程度不同，又分为镜面板材、粗面板材和细面板材。

使用时应注意：① 某些花岗石含有微量放射性元素。装修材料中天然放射性核素镭—226、钍—232、钾—40 的放射性比活度同时满足 $I_{Ra} \leq 1.0$ 和 $I_\gamma \leq 1.3$ 要求的为 A 类装修材料。A 类装修材料产销与使用范围不受限制。$I_\gamma > 2.8$ 的花岗石只可用于碑石、海堤、桥墩等人类很少涉及的地方。② 花岗石不耐高温，当温度超过 800℃时，由于花岗石中石英晶体体积膨胀，造成石材爆裂，失去强度，故不宜用于高温环境。

第六章 沥青和沥青混合料

200. 沥青的组成对其性能有何影响?

沥青是高分子碳氢化合物及其非金属（氧、氮、硫等）衍生物组成的极其复杂的混合物。沥青是一种有机胶凝材料,在常温下呈黑色或黑褐色的固体、半固体或液体状态。对沥青的化学组分,许多研究者曾提出不同的分析方法。我国现行《公路工程沥青及沥青混合料试验规程》(JTJ 052—2000)中规定有三组分和四组分两种分析方法。

(1) 三组分分析法：三组分分析法是将石油沥青分离为油分、树脂和沥青质三个组分。其组分性状见表6-1。三组分分析的优点是组分界限很明确,组分含量能在一定程度上说明它的工程性能,但是,它的主要缺点是分析流程复杂,分析时间很长。

石油沥青三组分分析法的各组分性状 表6-1

性状	外观特性	平均分子量	碳氢比(原子比)	物化特性
油分	淡黄色透明液体	200~700	0.5~0.7	溶于大部分有机溶剂,具有光学活性,常发现有荧光
树脂	红褐色黏稠半固体	800~3000	0.7~0.8	温度敏感性高,熔点低于100℃
沥青质	深褐色固体微粒	1000~5000	0.8~1.0	加热不熔化而碳化

油分赋予沥青以流动性,油分含量的多少直接影响沥青的柔软性、抗裂性及施工难度。油分在一定条件下可以转化为树脂甚至沥青质。其含量为45%~60%。

树脂主要使沥青具塑性和黏性。它分为中性树脂和酸性树脂,中性树脂使沥青具有一定塑性、可流动性和粘结性,其含量增加，沥青的黏聚力和延伸性增加。沥青树脂中还含有少量的酸性树脂，它是沥青中活性最大的部分，能改善沥青对矿物质材料的浸润性，特别是提高了与碳酸盐类岩石的粘附性，增加了沥青的可乳化性。其含量为15%~30%。

沥青质决定着沥青的粘结力、黏度和温度稳定性，以及沥青的硬度、软化点等。沥青质含量增加时，沥青的黏度和粘结力增加，硬度和温度稳定性提高。其含量为5%~30%。

（2）四组分分析法：我国现行的四组分分析法是将沥青分离为沥青质、饱和分、芳香分和胶质。其组分性状见表6-2。

石油沥青四组分分析法的各组分性状 表6-2

性状	外观特性	平均相对密度	平均分子量	主要化学结构
饱和分	无色液体	0.89	625	烷烃、环烷烃
芳香分	黄色至红色液体	0.99	730	芳香烃、含S衍生物
胶质	棕色黏稠液体	1.09	970	多环结构，含S、O、N衍生物
沥青质	深棕色至黑色固体	1.15	3400	缩合环结构，含S、O、N衍生物

研究结果表明，沥青的性质与各组分的含量比例有密切关系。沥青质含量高，则沥青的黏度增大，温度敏感性降低；饱和分增大则使沥青黏度降低；胶质含量增加可使沥青延度增大。

201. 石油沥青的胶体结构对其性能有何影响？

根据石油沥青中各组分的化学组成和相对含量的不同，可以形成溶胶型、凝胶型、溶胶—凝胶型三种不同的胶体结构。随沥青质含量增加，沥青的胶体结构从溶胶结构变为溶胶—凝胶结构，再变为凝胶结构。当沥青质含量相对较少时，油分和树脂含量相对较高，胶团外膜较厚，胶团之间相对运动较自由。这时沥青形成溶胶结构。当沥青质含量较多而油分和树脂较少时，胶团外膜较薄，胶团靠近聚集，移动比较困难，这时沥青形成凝胶结构。当沥青质含量适当，并有较多的树脂作为保护膜层时，胶团之间保持一定的吸引力，这时沥青形成溶胶—凝胶结构。其性能可作如下对比：

① 具有溶胶结构的石油沥青黏性小而流动性大，温度稳定性较差。

② 具有凝胶结构的石油沥青弹性和粘结性较高，温度稳定性较好，但塑性较差。

③ 溶胶—凝胶型石油沥青的性质介于溶胶型和凝胶型两者之间。

202. 如何评价石油沥青的主要技术性质？

（1）黏性：石油沥青的黏滞性又称黏性，一般用相对黏度来表示。石油沥青的黏滞性是指石油沥青内部阻碍其相对流动的一种特性，它反映石油沥青在外力作用下抵抗变形的能力。黏滞性是划分沥青牌号的主要技术指标。石油沥青黏滞性的大小与其组分有关，石油沥青中地沥青质含量多，同时有适量树脂，而油分含量较少时，黏滞性大。黏滞性受温度影响较大，在一定温度范围内，温度升高，黏度降低；反之，黏度升高。

黏性应以绝对黏度表示，但其测定方法较为复杂，故工程中常用相对黏度来表示黏滞性。对于固态或半固态黏稠石油沥青，其黏滞性用相对黏度来表示，用针入度仪测定其针入度来衡量。针入度是在规定温度 25℃条件下，以规定质量 100g 的标准针，经历规定时间 5s 贯入试样中的深度，以 0.1mm 为单位表示。显然，针入度越大，表示沥青越软，黏度越小。液体石油沥青或较稀的石油沥青的黏度，用标准黏度计测定的标准黏度表示。

（2）塑性：塑性是指石油沥青受到外力作用时，产生不可恢复的变形而不破坏的性质。石油沥青的塑性用延度表示。

当石油沥青中油分和地沥青质适量，树脂含量越多，地沥青质表面的沥青膜层越厚，塑性越好。温度对石油沥青塑性也有明显影响，当温度升高，沥青的塑性随之增大。石油沥青能制造出性能良好的柔性防水材料，很大程度上决定于沥青的塑性。塑性较好的沥青防水层能随建筑物变形而变形，一旦产生裂缝时，也可能由于特有的黏滞性而自行愈合。沥青的塑性对冲击振动荷载有一定吸收能力，并能减少摩擦时的噪声，故沥青是一种优良的道路路面材料。

石油沥青的塑性用延度指标表示。沥青延度是把沥青试样制成∞字形标准试模（中间最小截面积为 $1cm^2$），在规定的拉伸速度（5cm/min）和规定温度（25℃）下拉断时的伸长长度，以厘米（cm）为单位。石油沥青延度值愈大，表示其塑性越好。

(3) 温度敏感性：温度敏感性是指石油沥青的黏滞性和塑性随温度升降而变化的性能。沥青软化点是反映沥青敏感性的重要指标，即沥青由固态转变为具有一定流动性的温度。在相同的温度变化范围内，各种石油沥青的黏滞性和塑性变化的幅度不相同。工程要求沥青随温度变化而产生的黏滞性及塑性变化幅度应较小，即温度敏感性较小，以免沥青高温下流淌，低温下脆裂。工程上往往加入滑石粉、石灰石粉或其他矿物填料的方法来减小沥青的温度敏感性。沥青中含蜡量多时，会增大其温度敏感性，因而多蜡沥青不能用于建筑工程。评价沥青温度敏感性的指标很多，常用的是软化点和针入度指数。软化点是沥青性能随着温度变化过程中重要的标志点。但它是人为确定的温度标志点，单凭软化点这一性质，来反映沥青性能随温度变化的规律，并不全面。目前用来反映沥青温度敏感性的常用指标为针入度指数 PI。针入度指数是根据一定温度变化范围内沥青性能的变化来计算出的。因此，利用针入度指数来反映沥青性能随温度的变化规律更为准确；针入度指数（PI）值愈大，表示沥青的温度敏感性愈低。

针入度指数不仅可以用来评价沥青的温度敏感性，同时也可以用来判断沥青的胶体结构。当 $PI < -2$ 时，沥青属于溶胶结构，温度敏感性大；当 $PI > 2$ 时，沥青属于凝胶结构，温度敏感性低；介于其间的属于溶胶—凝胶结构。

(4) 大气稳定性：大气稳定性是指石油沥青在大气综合因

素（热、阳光、氧气和潮湿等）长期作用下抵抗老化的性能。大气稳定性好的石油沥青可以在长期使用中保持其原有性质。石油沥青的大气稳定性常以蒸发损失和蒸发后针入度比来评定。

石油沥青在热、阳光、氧气和水分等因素的长期作用下，石油沥青中低分子组分向高分子组分转化，即沥青中油分和树脂相对含量减少，地沥青质逐渐增多，从而使石油沥青的塑性降低，黏度提高，逐渐变得脆硬，直至脆裂，失去使用功能，这个过程称为老化。石油沥青的大气稳定性常以蒸发损失和蒸发后针入度比来评定。蒸发损失百分率愈小，蒸发后针入度比愈大，则表示沥青大气稳定性越好，沥青耐久性越高。

203. 什么是石油沥青的溶解度、闪点和燃点？

溶解度是指石油沥青在三氯乙烯、四氯化碳或苯中溶解的百分率。不溶解的物质会降低石油沥青的性能（如黏性等），因而溶解度可以表示石油沥青中有效物质含量。

闪点（也称闪火点）是指沥青加热挥发出可燃气体，与火焰接触闪火时的最低温度。燃点（也称着火点）是指沥青加热挥发出的可燃气体和空气混合，与火焰接触能持续燃烧时的最低温度。闪点和燃点的高低表明沥青引起火灾或爆炸的可能性的大小，它关系到运输、储存和加热使用等方面的安全。例如，建筑石油沥青闪点约230℃，在熬制时一般温度为185~200℃，为安全起见，沥青应与火焰隔离。

204. 为什么石油沥青使用若干年后会逐渐变得脆硬，甚至开裂？

沥青经若干年后变得脆硬、易于开裂的现象称为"老化"。造成"老化"现象的主要原因是在长期受到温度、空气、阳光和水的综合作用下，石油沥青中低分子量组分会向高分子量组分转化，即油分和树脂逐渐减少，而沥青质逐渐增多。在石油沥青的老化过程中，随着时间的推移，由于树脂向沥青质转变的速度更快，使低分子量组成减少，沥青质微粒表面膜层减薄，沥青的流动性和塑性将逐渐减小，硬脆性逐渐增大，直至脆裂，致使沥青防水层开裂破坏，或造成路面使用品质下降，产生龟裂破坏，对工程产生不良影响。

205. 土木工程中如何选用建筑石油沥青？

建筑石油沥青主要用于屋面及地下防水、沟槽防水与防腐、管道防腐蚀等工程，还可用于制作油毡、油纸和防水涂料等建筑材料。建筑沥青在使用时制成的沥青胶膜较厚，增大了对温度的敏感性，同时，沥青表面又是较强的吸热体，一般同一地区的沥青屋面的表面温度比当地最高气温高 25~30℃。为避免夏季流淌，用于屋面的沥青材料的软化点应比本地区屋面最高温度高20℃以上。软化点偏低时，沥青在夏季高温易流淌；而软化点过高时，沥青在冬期低温易开裂。

因此，石油沥青应根据气候条件、工程环境及技术要求，对照石油沥青的技术性能指标在满足主要性能要求的前提下，尽量选用较大牌号的石油沥青，以保证有较长的使用年限。对于屋面防水工程，主要应考虑沥青的高温稳定性，选用软化点较高的沥青，如10号沥青或10号与30号的混合沥青。对于地下防潮防水工程要求沥青黏性较大、塑性较大，使用时沥青既能与基层牢固粘结，又能适应建筑物的变形，以保证防水层完整，主要应考虑沥青的耐老化性，选用软化点较低的沥青，如40号沥青。

206. 怎样划分石油沥青的牌号？牌号大小与石油沥青主要技术性质之间有何关系？

石油沥青按照针入度的指标来划分牌号，牌号数字约为针入度的平均值，但其延度和软化点也要达到一定的要求。常用的建筑石油沥青和道路石油沥青的牌号与主要性质之间的关系是：牌号越高，其黏性越小（针入度越大），塑性越大（即延度越大），温度稳定性越低（即软化点越低）。

207. 煤沥青与石油沥青的性能与应用有何差别？

煤沥青是将煤焦油进行蒸馏，蒸去水分和所有的轻油及部分中油、重油和蒽油后所得的残渣。根据蒸馏程度不同煤沥青分为低温沥青、中温沥青和高温沥青。建筑上所采用的煤沥青多为黏稠或半固体的低温沥青。与石油沥青相比，由于两者的成分不同，煤沥青具有如下性能特点：

① 由固态或黏稠态转变为黏流态（或液态）的温度间隔较小，夏天易软化流淌，而冬天易脆裂，即温度敏感性较大。

② 含挥发性成分和化学稳定性差的成分较多，在热、阳光、氧气等长期综合作用下，煤沥青的组成变化较大，易硬脆，故大气稳定性较差。

③ 含有较多的游离碳，塑性较差，容易因变形而开裂。

④ 因含有蒽、酚等，故有毒性和臭味，防腐能力较好，适用于木材的防腐处理。

⑤ 因含表面活性物质较多，与矿物表面的粘附力较好。

与石油沥青相比，煤沥青的塑性、大气稳定性均较差，温度敏感性较大，但其黏性较大；煤沥青对人体有害成分较多，臭味较重，施工时要注意。为此，煤沥青一般用于防腐工程及地下防水工程，以及较次要的道路。

208. 如何鉴别石油沥青和煤沥青？

煤沥青和石油沥青可以用以下方法进行鉴别：

① 测定密度。密度大于 $1100 kg/m^3$ 者为煤沥青。

② 燃烧试验。烟气呈黄色，并有刺激性臭味者为煤沥青。

③ 敲击块状沥青，呈脆性（韧性差）、声清脆者为煤沥青，有弹性、声哑者为石油沥青。

④ 用汽油或煤油溶解沥青，将溶液滴于滤纸上，呈内黑外棕色明显两圈斑点者为煤沥青，呈棕色均匀散开斑点者为石油沥青。

209. 为什么石油沥青与煤沥青不能随意混合？

煤沥青与矿料的粘结较强，适量掺入到石油沥青中，可以增强石油沥青的粘结力，但不应随意混合；否则，易产生沉渣、变质现象，导致其混合物的粘结性急剧下降甚至完全失去粘结力。

210. 不同的改性石油沥青各有何特点？

建筑上使用的石油沥青必需具有一定的物理性质。如要求在低温条件下应有弹性和塑性；在高温条件下要有足够的强度和稳定性；在加工和使用过程中具有抗老化能力；还应与各种矿料和结构表面有较强的粘附力；以及对构件变形的适应性和耐疲劳性。普通沥青不能全面满足工程上的多项使用要求，因而，常用橡胶、树脂、矿物填料等材料改善沥青性能。橡胶、树脂和矿物填料等通称为石油沥青的改性材料。

① 橡胶改性沥青：橡胶是一类重要的改性材料。它与沥青有较好的混溶性，并能使沥青具有橡胶的很多优点，如高温变形小，低温柔性好等。沥青中掺入一定量橡胶后，可改善其耐热性、耐候性等。

常用于沥青改性的橡胶有氯丁橡胶、丁基橡胶、再生橡胶等。氯丁橡胶改性沥青，可使其气密性、低温柔性、耐化学腐蚀性、耐光性、耐臭氧性、耐气候性和耐燃烧性得到大大改善。丁基橡胶改性沥青具有优异的耐分解性，并有较好的低温抗裂性和耐热性能，多用于道路路面工程和制作密封材料和涂料。

② 树脂改性沥青：树脂改性沥青，可以改进沥青的耐寒性、耐热性、粘结性和不透气性。由于石油沥青中含芳香性化合物较少，因而树脂和石油沥青的相容性较差，而且用于改性沥青的树脂品种也较少，常用品种有：古马隆树脂、聚乙烯、无规聚丙烯APP、酚醛树脂及天然松香等。无规共聚聚丙烯APP改性沥青克服单纯沥青冷脆热流缺点，具有较好的耐高温性，特别适合于炎热地区。APP改性沥青主要用于生产防水卷材和防水涂料。

③ 橡胶和树脂改性沥青：橡胶和树脂同时用于沥青改性，可使沥青同时具有橡胶和树脂的特性。如耐寒性，且树脂比橡胶便宜，橡胶和树脂间有较好的混容性，故效果较好。橡胶和树脂改性沥青可用于生产卷材、片材、密封材料和防水涂料等。

④ 矿物填充料改性沥青：矿物填充料改性沥青可提高沥青的粘结能力、耐热性，减小沥青的温度敏感性。常用的矿物填充料大多是粉状或纤维状矿物，主要有滑石粉、石灰石粉、硅藻土、石棉和云母粉等。

211. 乳化沥青与冷底子油的性能与使用有何差别？

乳化沥青是利用乳化剂使沥青微滴均匀分散在水中而形成的水包油型（O/W）乳液。

乳化沥青具有许多优越性，其主要优点为：

① 冷态施工、节约能源。乳化沥青可以冷态施工，现场无需加热设备和能源消耗，扣除制备乳化沥青所消耗的能源后，仍然可以节约大量能源。

② 方便施工、节约沥青。由于乳化沥青黏度低、和易性好，施工方便，可节约劳力。此外，由于乳化沥青在集料表面形成的沥青膜较薄，不仅提高沥青与集料的粘附性，而且可以节约沥青用量。

③ 保护环境，保障健康。乳化沥青施工不需加热，故不污染环境；同时，避免了劳动操作人员受沥青挥发物的毒害。

乳化沥青是沥青以微粒（粒径 $1\mu m$ 左右）分散在有乳化剂的水中而形成的乳胶体。配制时，首先在水中加入少量乳化剂，再将沥青热熔后缓缓倒入，同时高速搅拌，使沥青分散成微小颗粒，均匀分布在溶有乳化剂的水中。由于乳化剂分子一端强烈吸附在沥青微小颗粒表面，另一端则与水分子很好地结合，产生有益的桥梁作用，使乳液获得稳定。乳化沥青的储存期不能过长（一般三个月左右），否则容易引起凝聚分层而变质。储存温度不得低于零度，不宜在 $-5℃$ 以下施工，以免水结冰而破坏防水层，也不宜在夏季烈日下施工，因表面水分蒸发过快而成膜，膜内水分蒸发不出而产生气泡。乳化沥青主要适用于防水等级较低的工业与民用建筑屋面、混凝土地下室和卫生间防水、防潮；粘贴玻璃纤维毡片（或布）作屋面防水层；拌制冷用沥青砂浆和混凝土铺筑路面等。

冷底子油是用汽油、煤油、柴油、工业苯等有机溶剂与沥青材料溶合制得的沥青溶液。它多在常温下用于防水工程的底层，故称冷底子油。冷底子油黏度小，具有良好的流动性。涂刷在混凝土、砂浆或木材等基面上，能很快渗入基层孔隙中，待溶剂挥发后，便与基面牢固结合。冷底子油形成的涂膜较薄，一般不单独作防水材料使用，只作某些防水材料的配套材料。施工时，在基层上先涂刷一道冷底子油，再刷沥青防水涂料或铺油毡。冷底子油可封闭基层毛细孔隙，使基层形成防水能力，并使基层表面变为憎水性，为粘结同类防水材料创造了有利条件。冷底子油应涂刷于干燥的基面上，不宜在有雨、雾、露的环境中施工，通常要求与冷底子油相接触的水泥砂浆的含水率小于10%。

212. 某施工队较长时间加热和保温石油沥青，施工后发现沥青的塑性明显下降，何故？

沥青与其他有机物类同，与空气接触会逐渐氧化，即沥青中的极性含氧基团逐渐连接成高分子的胶团，形成更大、更复杂的分子，使沥青硬化，降低柔韧性。温度越高，时间越长，氧化越快。当温度在100℃以上时，每增加10℃，氧化率约提高1倍，且使一些组分蒸发。为此，熬制沥青应先将其破碎为10cm以下的碎块，缩短熬制时间，且熬好后尽可能于8h内用完。若用不完，应与新熬材料混合使用，必要时作性能检查。

213. 用煤油和含蜡较高的沥青配制的液体石油沥青为何其粘结性较差？

液体石油沥青黏度小，流动性好，涂刷在混凝土、砂浆或木材等基面上，能很快渗入基层孔隙，待溶剂挥发后，便与基面牢固结合。一方面使基面呈憎水性，另一方面有利于粘结同类防水材料。它于常温下使用，作为防水工程的底层，故也称冷底子油。

配制液体石油沥青不能使用高蜡沥青，石蜡既不易凝固，又不易熔化为液体。石蜡含量越高，沥青的粘结力越差。还需要说明的是，亦不宜使用高软化点的沥青配液体石油沥青。因沥青的软化点高，在溶剂中不易溶化，熔融温度亦较高，调配时不安全。

214. 沥青如何再生？

沥青的再生就是老化的逆过程。通常可掺入再生剂，如掺玉米油、润滑油等。掺再生剂后，使沥青质相对含量降低，改善沥青的相容性，提高沥青的针入度和延度，使其恢复或接近原来的性能。

沥青再生的机理目前有两种理论：一种理论是"相容性理论"，该理论从化学热力学出发，认为沥青产生老化的原因是沥青胶体物系中各组分相容性的降低，导致组分间溶度参数差增大。如能掺入一定的再生剂使其溶度参数差减少，则沥青能恢复到（甚至超过）原来的性质；另一种理论是"组分调解理论"，该理论是从化学组分移行出发，认为由于组分的移行，沥青老化后，某些组分偏多，而某些组分偏少，各组分间比例不协调，所以导致沥青性能降低，如能通过掺加再生剂调节其组分则沥青将恢复原来的性质。实际上，这两个理论是一致的，前者是从沥青内部结构的化学能来解释，后者是从宏观化学组成量来解释。

215. 沥青混合料是怎样分类的？各有何特点？

沥青混合料是由矿料与沥青结合料拌合而成的混合料的总称。沥青混合料的分类方法很多，可按施工温度、矿质集料的最大粒径和沥青混合料级配来分类。

（1）按施工温度分类，可分为：

① 热拌热铺沥青混合料：沥青与矿料在热态下拌合、热态下铺筑施工的沥青混合料。

② 常温沥青混合料：采用乳化沥青或稀释沥青与矿料在常温状态下拌合、施工的沥青混合料。

（2）按矿质集料的最大公称粒径分类，可分为：

① 砂粒式沥青混合料：最大集料粒径等于或小于4.75mm的沥青混合料，也称为沥青石屑或沥青砂。

② 细粒式沥青混合料：最大集料粒径为9.5mm或13.2mm的沥青混合料。

③ 中粒式沥青混合料：最大集料粒径为16mm或19mm的沥青混合料。

④ 粗粒式沥青混合料：最大集料粒径为26.5mm或31.5mm的沥青混合料。

⑤ 特粗式沥青碎石混合料：最大集料粒径等于或大于37.5mm的沥青碎石混合料。

（3）按沥青混合料级配分类，可分为：

① 密级配沥青混凝土混合料：各种粒径的颗粒级配连续、相互嵌挤密实的矿料与沥青拌合而成，压实后剩余空隙率小于10%的沥青混合料。剩余空隙率3%~6%（行人道路为2%~6%）的为Ⅰ型密实式沥青混凝土混合料，剩余空隙率4%~10%的为Ⅱ型半密实式沥青混凝土混合料。

② 半开级配沥青混合料：由适当比例的粗集料、细集料及少量填料（或不加填料）与沥青拌合而成，经马歇尔标准击实成型试件的剩余空隙率在6%~12%的半开式沥青混合料，也称为沥青碎石混合料（以AM表示）。

③ 开级配沥青混合料：矿料级配主要由粗集料嵌挤组成，细集料及填料较少，设计空隙率大于18%的混合料。

④ 间断级配沥青混合料：矿料级配组成中缺少一个或若干

个档次(或用量很少)而形成的沥青混合料。

216. 路面各层的沥青是否要采用相同的标号?

道路石油沥青适用于各类沥青面层。用于高速公路、一级公路的重交通道路石油沥青和用于一般公路的中、轻交通道路石油沥青应符合相关规定的质量要求。所用的沥青标号,宜根据地区气候条件、施工季节气温、路面类型、施工方法等按表6-3 选用。

各类沥青路面选用的石油沥青标号　　　表6-3

气候分区	沥青路面类型			
	沥青表面处治	沥青贯入式及上拌下贯式	沥青碎石	沥青混凝土
寒区 最低月平均气温<-10℃,如:黑龙江、吉林、辽宁北部、内蒙北部、甘肃等	A-140 A-180 A-200	A-140 A-180 A-200	AH-90 AH-110 AH-130 A-100 A-140	AH-90 AH-110 AH-130 A-100 A-140
温区 最低月平均气温-10~0℃,如辽宁南部、内蒙南部、山东、安徽北部等	A-100 A-140 A-180	A-100 A-140 A-180	AH-90 AH-110 A-100 A-140	AH-70 AH-90 A-60 A-100
热区 最低月平均气温>0℃,如广东、广西、河南南部、安徽南部、江苏南部等	A-60 A-100 A-140	A-60 A-100 A-140	AH-50 AH-70 AH-90 A-100 A-60	AH-50 AH-70 A-100 A-60

路面各层可采用相同标号的沥青,也可采用不同标号的沥青。面层的上层宜用较稠的沥青,下层或连接层宜采用较稀的沥青。对渠化交通的道路,宜采用较稠的沥青。当沥青标号不符合使用要求时,可采用几种不同标号掺配的混合沥青,其掺配比例由试验确定。用于道路的乳化石油沥青、液体石油沥青和煤沥青

也应符合相应质量标准。

217. 筛选砾石和钢渣可用于公路的沥青面层用粗集料吗？

沥青面层用粗集料的质量要符合国家标准《沥青路面施工及验收规范》(GB 50092) 的规定。高速公路和一级公路不能使用筛选砾石和矿渣，它们只能适用于二级或二级以下的公路。刚出炉的钢渣可能存在活性，为避免路面在使用过程中发生遇水膨胀的鼓包破坏现象，钢渣须在破碎后存放 6 个月以上方可使用。

粗集料应具有良好的颗粒形状，用于道路沥青面层的碎石不宜采用颚式破碎机加工。路面抗滑表层粗集料应选用坚硬、耐磨、抗冲击性好的碎石或破碎砾石。用于高速公路、一级公路沥青路面表面层及各类公路抗滑表面层的粗集料还应满足一定的抗滑性要求。

沥青混合料的粗集料一般是用碱性石料加工制得的，因为碱性石料与沥青具有良好的粘结性。在缺少碱性石料的情况下，也可采用酸性石料代替。酸性集料化学成分中以硅、铝等亲水矿物为主，与沥青粘结性较差，用于沥青混合料时易受水的影响造成沥青膜剥离，但其他性质一般较好，在使用时应对沥青或粗集料进行适当的处理，以增加混合料的黏聚力。常见酸性集料有花岗石、石英石、砂岩、片麻石、角闪石等。

218. 用针片状含量较高的粗集料配沥青混凝土，为何其强度和抗渗能力较差？

某公路所用粗集料针片状含量较高，增加沥青用量虽可满足马歇尔指标，但沥青路面的强度和抗渗能力相对较差。沥青混合料是由矿料骨架和沥青构成的，具空间网络结构。矿料针片状含量过高，针片状矿料相互搭架形成空洞较多，虽可增加沥青用量略加弥补，但过分增加沥青用量不仅在经济上不合算，而且还影响了沥青混合料的强度及性能。

沥青混合料粗集料应符合洁净、干燥、无风化、无杂质、良好的颗粒形状,具有足够强度和耐磨性等12项技术要求。其中,矿料针片状含量需严格控制在小于等于15%。矿料针片状含量过高主要原因是加工工艺不合理,采用颚式破碎机加工尤需注意。若针片状含量过高,应在加工场回轧。一般来说,瓜子片(粒径5~15mm)的针片状含量往往较高,在粗集料级配设计时,可在级配曲线范围内适当降低瓜子片的用量。

219. 沥青混合料用细集料有哪些质量要求?

细集料应洁净、干燥、无风化、无杂质,并且与沥青具有良好的粘结力。沥青混合料用细集料有天然砂、机制砂及石屑等。

① 天然砂:岩石经风化、搬运等作用后形成的粒径小于2.36mm的颗粒部分。

② 机制砂:由碎石及砾石反复破碎加工至小于2.36mm的部分,亦称人工砂。

③ 石屑:采石场加工碎石时通过规格为4.75mm的筛子的筛下部分集料的统称。

将石屑全部或部分代替砂拌制沥青混合料的做法,在我国甚为普遍,这样可以节省造价,充分利用碎石场下脚料。但应注意,石屑与人工破碎的机制砂有本质区别,石屑大部分为石料破碎过程中表面剥落或撞下的棱角,强度很低且扁片含量及碎土比例很大,用于沥青混合料时势必影响质量,在使用过程中也易进一步压碎细粒化。因此,用于高速公路、一级公路沥青混凝土面层及抗滑表层的石屑的用量不宜超过天然砂及机制砂的用量。

我国交通行业标准《公路沥青路面施工技术规范》(JTGF 40—2004)规定,细集料应洁净、干燥、无风化、无杂质,并有适当的颗粒级配,质量应符合表6-4的要求。

沥青混合料用细集料质量要求　　　　表6-4

项目		单位	高速公路、一级公路	其他等级公路	试验方法
表观相对密度	不小于	t/m³	2.50	2.45	T 0328
坚固性（>0.3mm 部分）	不小于	%	12	—	T 0340
含泥量（<0.075mm 含量）	不大于	%	3	5	T 0333
砂当量	不小于	%	60	50	T 0334
亚甲蓝值	不大于	g/kg	25	—	T 0346
棱角性（流动时间）	不小于	s	30	—	T 0345

注：坚固性试验可根据需要进行。

热拌密级配沥青混合料中天然砂用量通常不超过集料总量的20%，SMA、OGFC 混合料不宜使用天然砂。天然砂、石屑、机制砂均应符合相关的规格要求。

220. 什么是矿粉的亲水系数？应用中需要注意哪些问题？

沥青混合料的填料宜采用石灰石或岩浆石中的强基性岩石等憎水性石料经磨细得到的矿粉。矿粉要求洁净、干燥，并且与沥青具有较好的粘结性。矿粉的亲水系数要小于1。矿粉的亲水系数是将通过 0.075mm 筛的矿粉各取 5g 分别置于水及煤油的量筒中，经 24h 后观察其体积比值，要求在水中的体积小于在煤油中的体积。

也可以由石灰、水泥、粉煤灰作为填料。但用这些物质作填料时，其用量不宜超过矿料总量的 2%。在使用粉煤灰时，应经试验确认掺粉煤灰的沥青混合料是否具有良好的粘结力和水稳性。所用粉煤灰的用量不宜超过填料总量的 50%。粉煤灰的烧失量应小于 12%，塑性指数应小于 4%，其余要求与矿粉相同。目前，暂规定仅在二级及二级以下的其他等级公路中使用，不得用于高速公路和一级公路。

221. 影响沥青混合料强度的因素有哪些？

试验表明：沥青混合料的抗剪强度的内因决定于沥青混合料的内摩擦角和黏聚力，其值越大，抗剪强度越大。其外因则决定于温度等因素。

（1）影响沥青混合料内摩擦角的因素：

① 矿质骨料对内摩擦角的影响：矿质骨料的尺寸大，形状近似正方体，有一定的棱角，表面粗糙则内摩擦角较大。连续型开级配的矿质混合料，粗集料的数量比较多，形成一定的骨架结构，内摩擦角也就大。

② 沥青含量对内摩擦角的影响：沥青含量越少，矿料表面形成的沥青膜越薄，内摩擦角越大。反之，亦然。

（2）影响沥青混合料黏聚力的因素：

① 沥青材料的粘结性对黏聚力的影响：沥青的黏度越大，混合料的黏滞阻力也越大，抵抗剪切变形的能力越强，则混合料的黏聚力就越大。

② 矿料颗粒间的连接形式对黏聚力的影响：矿粉对其周围的沥青有着吸附作用，因而贴近矿粉的沥青的化学组分会重新排列，沥青在矿粉表面形成一层扩散结构膜，结构膜内的这层沥青称为结构沥青。扩散结构膜外的沥青，因受矿粉吸附影响很小，化学组分并未改变，称为自由沥青。沥青用量过少，沥青不足以包裹矿粉表面，结构沥青少，沥青混合料的黏聚力就差。沥青用量过多，自由沥青过多，混合料的黏聚力逐渐降低。

222. 影响沥青混合料的高温稳定性的主要因素有哪些？

沥青混合料的高温稳定性是指沥青混合料在高温条件下，在长期交通荷载作用下，不产生车辙、波浪和油包等破坏现象的性能。沥青混合料路面在车轮作用下受到垂直力和水平力综合的作用，能抵抗高温而不产生车辙和波浪等破坏现象的为高温稳定性符合要求。沥青混合料的高温稳定性可用马歇尔试验的稳定度和流值来评定，或用沥青混合料闭式三轴压缩试验来评定。

影响沥青混合料高温稳定性的主要因素有：沥青的用量、沥青的黏度、矿料的级配、矿料的尺寸、形态，以及沥青混合料摊铺面积等。要增强沥青混合料的高温稳定性，就要提高沥青混合料的抗剪强度和减少塑性变形。当沥青过量时，会降低沥青混合料的内摩阻力，而且在夏季容易产生泛油现象。因此，适当减少沥青的用量，可以使矿料颗粒更多地以结构沥青的形式相连接，增加混合料黏聚力和内摩阻力，提高沥青的黏度，增加沥青混合料抗剪变形的能力。由合理矿料级配组成的沥青混合料，可以形成骨架密实结构，这种混合料的黏聚力和内摩阻力都比较大。

223. 什么是沥青混合料的低温抗裂性？什么是沥青混合料的低温脆化？

沥青混合料为弹性-黏性-塑性材料，其物理性质随温度而有很大变化。低温抗裂性是指沥青混合料不出现低温脆化、低温缩裂、温度疲劳等现象，从而导致出现低温裂缝的性能。沥青混合料不仅应具备有高温的稳定性，同时还要具有低温的抗裂性，以保证路面在冬期低温时不产生裂缝。

低温缩裂通常是由于材料本身的抗拉强度不足而造成的，可通过沥青混合料的劈裂试验和线收缩系数试验来反映。对于沥青混合料的温度疲劳，可以用低温疲劳试验来评定。

224. 影响沥青混合料耐久性的主要因素有哪些？

沥青混合料的耐久性是指其在外界各种因素（如阳光、空气、水、车辆荷载等）的长期作用下不破坏的性能。沥青的抗老化性越好，矿料越坚硬、不易风化和破碎、与沥青的粘结性好，沥青混合料的寿命越长。沥青混合料的耐久性用马歇尔试验来评价，可用马歇尔试验测得的空隙率、沥青饱和度和残留稳定度等指标来表示耐久性。

影响沥青混合料耐久性的主要因素有：沥青的性质、矿料的性质、沥青混合料的组成与结构（沥青用量、混合料压实度）等。

当沥青用量较正常用量减少时，沥青膜变薄，混合料的延伸能力降低，脆性增加。如沥青用量过少，将使混合料的空隙率增大，沥青膜暴露较多，加速了老化作用。同时，增加了渗水率，加强了水对沥青的剥落作用。

从耐久性角度出发，沥青混合料空隙率减少，可防止水的渗入和日光紫外线对沥青的老化作用，但是，一般沥青混合料中均应残留一定量的空隙，以备夏季沥青混合料膨胀。

225. 影响沥青混合料抗滑性的因素有哪些？

随着现代高速公路的发展以及车辆行驶速度的增加，对沥青混合料路面的抗滑性提出了更高的要求。路面抗滑性可用路面构造深度、路面抗滑值以及摩擦系数来评定。构造深度、路面抗滑值和摩擦系数越大，说明路面的抗滑性越好。

沥青混合料的抗滑性的影响因素有：沥青混合料的粗糙度、矿料的表面性质、沥青用量、混合料的级配及宏观构造等。面层集料应选用质地坚硬、具有棱角的碎石，高速公路通常采用玄武石。为节省投资，也可采用玄武石与石灰石混合使用的方法，这样，等路面使用一段时间后，石灰石骨料被磨平，玄武石骨料相对突出，更能增加路面的粗糙性。沥青用量偏多，会明显降低路面的抗滑性。另外，采用适当增大集料粒径，适当减少一些沥青用量以及严格控制沥青的含蜡量等措施，均可提高路面的抗滑性。

226. 影响沥青混合料施工和易性的主要因素有哪些？

为保证室内配料在现场条件下顺利施工，沥青混合料应具备良好的施工和易性。影响混合料施工和易性的主要因素有：矿料级配、沥青用量、环境温度、施工条件、搅拌工艺以及混合料性质等。单纯从混合料的性质而言，影响施工和易性的因素有混合料的级配、沥青用量的多少、矿粉用量等。

矿料的级配对其和易性影响较大。粗细集料的颗粒级配不当，混合料容易分层沉积（粗集料在面层，细集料在底部）；细集料偏少，沥青不易均匀的分布在矿料表面；细集料偏多，则拌合困难。此外，当沥青用量偏小，或矿粉用量偏多，混合料容易产生疏松，不易压实；如沥青用量过多，或矿粉质量不好，则易导致混合料粘结成团，不易摊铺。生产上对沥青混合料的和易性一般凭经验来判定。

227. 沥青混合料的生产配合比设计阶段与生产配合比验证阶段是如何进行的？

对间歇式拌合机，应从二次筛分后进入各热料仓的材料中取样，并进行筛分，确定各熟料仓的材料比例，供拌合机控制室使用。同时，应反复调整冷料进料比例，使供料均衡，并取目标配合比设计的最佳沥青用量、最佳沥青用量加 0.3% 和最佳沥青用量减 0.3% 等三个沥青用量进行马歇尔试验，确定生产配合比的最佳沥青用量。

拌合机应采用生产配合比进行试拌，铺筑试验段，并用拌合的沥青混合料进行马歇尔试验及路上钻取芯样检验，由此确定生产用的标准配合比。标准配合比应作为生产上控制的依据和质量检验的标准。标准配合比的矿料合成级配中，0.075mm、2.36mm、4.75mm（圆孔筛 0.075mm、2.5mm、5mm）三档筛孔的通过率应接近要求级配的中值。

228. 沥青混凝土路面表面处治用层铺法施工，铺洒沥青不均匀对性能会有何不利影响？

某沥青混凝土路面表面处治用层铺法施工，即用沥青和矿料铺厚度不大于3cm的薄面层，施工中铺洒沥青不够均匀。使用一段时间后，出现了不少拥包。由于铺洒沥青不均，致使局部沥青量过大，使沥青混合料中有较多"自由沥青"，成为沥青混合料中的润滑剂，推拥成油包、波浪，影响行车舒适性和安全性。而由于路面不平坦，还增加了车载的冲击力，更加剧了路面的破坏。

229. 为什么多雨、地下水较多地段的沥青混凝土路面往往更易损坏？如何防治？

这些问题的实质是沥青路面的水损害。首先水渗入使沥青粘附性减少，导致沥青混合料的强度和劲度减小。此外，水可进入沥青薄膜与集料之间，阻断沥青与集料表面的相互粘结，集料表面对水的吸附比沥青强，从而使沥青与集料表面接触角减小，沥青从集料表面剥落。

解决此类问题可作以下考虑：

① 从隔水方面来考虑。若主要是地下水或毛细水上升，则注重路面下封层以阻止地下水或毛细水的侵入；若主要是上层水如雨水侵入所致，尽快排水，在连接层使用空隙很大、集料相互嵌挤作用好的沥青碎石，使水尽快流走。

② 从材料选择来考虑。选用孔隙率较小的粗糙集料，选用抗水害性好的集料，如碱性集料。选用黏度大的沥青，黏度越大，抗剥落性能就越好，而增大沥青黏度亦包括对沥青改性，掺入一些树脂等，以增大黏度。

③ 掺入有关抗剥离剂。如掺入消石灰以提高沥青黏性，减少酸性石料表面的负电荷，石料表面电位降低，对水作用减小。又如掺入表面活性剂，利用其极性与集料结合，加强与沥青的粘附力。

④ 从沥青混合料配合比考虑。沥青路面致密，水浸入困难些，可考虑选用密级配的沥青混凝土。此外，在考虑提高其抗剥离能力的同时，还需注意会使高温稳定性下降不利的一面，故需

两者适当兼顾。

⑤ 从生产加工角度考虑。集料干燥和良好的拌合，有利于加强沥青与矿料的粘附。

⑥ 从施工角度考虑。根据路面情况来合理确定施工方案，如保证施工前路面的干燥性。

第七章 合成高分子材料

230. 与传统建筑材料相比较，合成高分子材料有哪些优缺点？

与其他建筑材料相比，合成高分子材料原料来源丰富，价格低，再加上其他性能上的优点，使得合成高分子材料在建筑中得到广泛的应用。其性能具有七个方面的优点和三方面的缺点。

（1）合成高分子材料的性能优点有：

① 质轻，密度低。如大多塑料密度在 $0.9 \sim 2.2 g/cm^3$ 之间，平均为 $1.45 g/cm^3$，约为钢的 1/5，是一种轻质建筑材料。

② 力学性能好。常温下大部分有机高分子材料的韧性良好，其中有许多强度较高，有些变形能力很强，使其在工程的某些部位可取代脆性很强的材料。

③ 导热系数小。如泡沫塑料的导热系数只有 $0.02 \sim 0.046 W/(m \cdot K)$，约为金属的 1/1500，混凝土的 1/40，砖的 1/20，是理想的绝热材料。

④ 化学稳定性和耐水性、耐腐蚀性好。一般塑料对酸、碱、盐及油脂均有较好的耐腐蚀能力。其中最为稳定的聚四氟乙烯，仅能与熔融的碱金属反应，与其他化学物品均不起作用。

⑤ 优良的加工性能和功能的可设计性强。有机高分子材料可采用多种加工工艺，可塑制成各种形状、厚度不同的产品。有机高分子材料还可以通过改变组成配方与生产工艺，在相当大的范围内制成具有各种特殊性能的工程材料。

⑥ 一般的高分子材料电绝缘性好。

⑦ 出色的装饰性能。如各种塑料制品不仅可以着色，而且色彩鲜艳耐久，并可通过照相制板印刷，模仿天然材料的纹理

（如木纹、花岗石、大理石纹等），达到以假乱真的程度。装饰涂料可根据需要调成任何颜色，甚至多彩。

（2）合成高分子材料的性能缺点有：

① 易老化：老化是指高分子化合物在阳光、空气、热以及环境介质中的酸、碱、盐等作用下，分子组成和结构发生变化，致使其性质变化，如失去弹性、出现裂纹、变硬、变脆或变软、发黏，失去原有的使用功能的现象。塑料、有机涂料和有机胶粘剂都会出现老化。目前采用的防老化措施主要有改变聚合物的结构，加入防老化剂的化学方法和涂防护层的物理方法。

② 可燃性及毒性：高分子材料一般属于可燃的材料，但可燃性受其组成和结构的影响有很大差别。如聚苯乙烯遇火会很快燃烧起来，聚氯乙烯则有自熄性，离开火焰会自动熄灭。部分高分子材料燃烧时发烟，产生有毒气体。一般可通过改进配方，制成自熄和难燃甚至不燃的产品，不过，其防火性仍比无机材料差，在工程应用中应予以注意。

③ 耐热性差：高分子材料的耐热性能普遍较差，如使用温度偏高会促进其老化，甚至分解；塑料受热会发生变形，在使用中要注意其使用温度的限制。

231. 什么是高分子化合物？不同类型的聚合物有何特点？

高分子化合物又称高分子聚合物（简称高聚物），高聚物是组成单元相互多次重复连接而构成的物质，因此其分子量很大，但化学组成都比较简单，都是由许多低分子化合物聚合而形成的。

高分子化合物按其链节在空间排列的几何形状，可分为线型聚合物和体型聚合物两类。

线型聚合物各链节连接成一个长链，或带有支链。这种聚合物可以溶解在一定溶剂中，可以软化，甚至熔化。属于线型无支链结构的聚合物有：聚苯乙烯（PS）、用低压法制造的高密度聚乙烯（HDPE）和聚酯纤维素分子等。属于线型带支链结构的聚合物有：低密度聚乙烯（LDPE）和聚醋酸乙烯（PVAC）等。

体型聚合是线型大分子间相互交联，形成网状的三维聚合物。这种聚合物制备成型后再加热时不软化，也不能流动。属于体型高分子（网状结构）的有：酚醛树脂（PF）、不饱和聚酯（UP）、环氧树脂（EP）、脲醛树脂（UF）等。

232. 塑料的主要组成有哪些？其作用如何？

建筑上常用的塑料制品绝大多数都是以合成树脂（即合成高分子化合物）和添加剂组成的多组分材料，但也有少部分建筑塑料制品例外。塑料的主要成分有合成树脂、填料、增塑剂和固化剂等。合成树脂在塑料中主要起胶结作用，通过胶结作用把填充料等胶结成坚实整体。塑料的性质主要取决于树脂的性质。填料又称填充剂，其作用有：提高塑料的强度和刚度；减少塑料在常温下的蠕变（又称冷流）现象及改善热稳定性；降低塑料制品的成本，增加产量。增塑剂的作用为：提高塑料加工时的可塑性及流动性；改善塑料制品的柔韧性。固化剂使得线型高聚物交联为体型高聚物，从而具有热固性。

233. 塑料为何会老化？

塑料在阳光、氧、热等条件作用下，其中聚合物的组成和结构发生变化，致使塑料性质恶化的现象，此现象或过程称为老化。聚合物的老化是一个复杂的化学过程，它包括分子的交联和分子的裂解两种主要反应。交联是指分子从线型结构转变为网体型结构的过程；裂解是指分子链发生断裂，分子量降低的过程。如果老化以交联为主，塑料便失去弹性、变硬、变脆、出现龟裂现象；如果老化以裂解为主，塑料便失去刚性、变软、变黏，出现蠕动现象。另外，塑料还有非化学过程的老化，这是由于增塑剂的挥发或渗出使得塑料变硬、变脆。

234. 塑料有毒性吗？

塑料是否具有毒性与其组成材料密切相关。塑料是由聚合物（树脂）和添加剂组成的。虽然液体状态的聚合物几乎全部都有不同程度的毒性，但固化后对人体多半是无害的。如果工艺制度严格，组成准确，可以保证塑料是无害的。但当合成或加工工艺遭到破坏时，残余的单体或低分子量产物，以及加入塑料中的低分子物质，如一些增塑剂等，则是危害健康的。因此，在采用塑料作房屋内部装修或供水设备时，应进行相应检验。

235. 热塑性塑料与热固性塑料的性质与应用有什么不同？

根据受热时所表现出的性质不同，塑料分为热塑性塑料和热固性塑料。

① 热塑性塑料的主要组成材料热塑性树脂属线型结构或支链型分子结构，在一定的条件下可以部分结晶。因而热塑性塑料加热时软化甚至熔化，冷却后硬化，而不起化学变化，不论加热和冷却重复多少次，均保持此性质。热固性塑料的主要组成材料热固性树脂在生产阶段或应用阶段前也为线型结构或支链型分子结构，但在应用阶段通过加热或固化剂等使线型分子结合为体型结构分子，再受热则不软化或改变其形状，只能塑制一次。

② 热塑性塑料与热固性塑料相比具有良好的塑性和韧性，但刚性较差、耐热性差、耐腐蚀性差，并可溶可熔、强度较低、变形较大，加工成型简便，故主要用于非结构材料。而热固性塑料则由于强度较大、刚性较大、粘结力强、耐热性好、变形小、韧性差等特点，主要用于结构材料，也可用于非结构材料。

③ 产生上述性质间差异的原因是两者的内部结构不同。热塑性树脂为线型分子结构，是靠分子间结合力结合在一起的，分子间的结合力较弱，因此，在加热状态或溶剂中可以熔融或溶解，同时在受力时变形大、强度低。而热固型树脂在应用阶段已

形成体型分子结构,即完全交联成为一个巨大的高分子,因此抵抗外力能力相对较高,且在加热状态或溶剂中也不会破坏它已经形成的化学交联,即不会熔融和溶解。

热塑性塑料与热固性塑料相比具有耐热性较差、强度较低、耐腐蚀较差、变形较大的特点。热固性塑料既可用于结构材料亦可用于非结构材料。但其变形能力小,不宜作防水卷材或密封材料;橡胶和热塑性塑料则可满足较大变形能力的要求,宜作防水卷材和密封材料。

常用的热塑性塑料有聚乙烯塑料、聚氯乙烯塑料、聚苯乙烯塑料、ABS塑料、聚甲基丙烯酸甲酯塑料等。常用的热固性塑料有酚醛塑料、脲醛塑料、聚酯塑料、有机硅塑料等。

236. 工程上为何广泛以塑料管代替镀锌管作为给水和排水管材?

与镀锌管相比,塑料管重量要轻的多,只有镀锌管的1/8,在运输、安装方面要省工省时得多;塑料管不腐蚀,不生锈,而镀锌管则很容易生锈,影响水质和使用寿命;特别是塑料管的表面光滑,表面张力小,长期使用后不结垢,而镀锌管在使用一段时间后,内表面会积大量的污垢;塑料管的使用寿命可达到50年,所以工程上已经以塑料管代替镀锌管。

237. 某企业生产的硬聚氯乙烯下水管在南方使用很好,但在北方使用常破裂,何故?

经技术专家现场分析,认为主要是由于水管的配方所致,因为该水管主要是为在南方建筑工程上使用,由于南方常年的温度都比较高,该PVC的抗冲击强度可以满足实际使用要求。但到北方的冬天,温度会下降到零下几十度,这时PVC材料变硬、变脆,抗冲击强度已达不到要求。北方市场的PVC下水管需要重新进行配方。生产厂家经改进配方。在PVC配方中多加一些抗冲击改性剂，解决了水管易破裂的问题。

238. 为何不宜使用 I 型和 II 型硬质聚氯乙烯（UPVC）塑料管作热水管？

UPVC 管是使用最普遍的一种塑料管，约占全部塑料管材的 80%。UPVC 管的特点有较高的硬度和刚度，许用应力一般在 10MPa 以上，价格比其他塑料管低，故硬质聚氯乙烯管在产量中居第一位。

硬质聚氯乙烯管分有 I 型、II 型和 III 型产品。I 型是高强度聚氯乙烯管，这种管在加工过程中，树脂添加剂中增塑剂成分为最低，所以通常称未增塑聚氯乙烯管，因而具有较好的物理和化学性能，但其热变形温度为 70℃，且其低温下较脆，冲击强度低。II 型管又称耐冲击聚氯乙烯管，它是在制造过程中，加入了 ABS、CPE 或丙烯酸树脂等改性剂，因此其抗冲击性能比 I 型高，热变形温度比 I 型低，为 60℃。故 I 型和 II 型硬质聚氯乙烯（UPVC）塑料管不适宜较高温的热水输送。

可选用 III 型氯化聚氯乙烯管作热水管，此类管使用温度可达 100℃，故称为高温聚氯乙烯管，可作沸水管道用材。需要说明的是，若使用此类管输送热水，必须进行卫生检验，因为生产过程中若加入铝化合物稳定剂，在使用过程中可能会析出，影响身体健康。

硬聚氯乙烯管的使用范围很广，可用作给水、排水、灌溉、供气、排气等管道，住宅生活用管道、工矿业工艺管道以及电线、电缆套管等。

239. 聚乙烯（PE）塑料管有哪些特点？如何使用？

聚乙烯管的特点是密度小、强度与重量比值高，脆化温度低（-80℃），优良的低温性能和韧性使其能抗车辆和机械振动、冰冻和解冻及操作压力突然变化的破坏。由于聚乙烯管性能稳定，在低温下亦能经受搬运和使用中的冲击；不受输送介质中液态烃的化学腐蚀；管壁光滑，介质流动阻力小。

高密度聚乙烯（HDPE）管耐热性能和机械性能均高于中密度和低密度聚乙烯管，是一种难透气、透湿、最低渗透性的管材；中密度聚乙烯（MDPE）管既有高密度聚乙烯管的刚性和强度，又有低密度聚乙烯管良好的柔性和耐蠕变性，比高密度聚乙烯管有更高的热熔连接性能，对管道安装十分有利，其综合性能高于高密度聚乙烯管；低密度聚乙烯（LDPE）管的特点是化学稳定性和高频绝缘性能十分优良；柔软性、伸长率、耐冲击和透明性比高、中密度聚乙烯管好，但管材许用应力仅为高密度聚乙烯管的一半（高密度聚乙烯管为 5MPa，低密度聚乙烯为 2.5~3MPa）。

聚乙烯管材中，中密度和高密度管材最适宜作城市燃气和天然气管道，特别是中密度聚乙烯管材更受欢迎。低密度聚乙烯管宜作饮用水管、电缆导管、农业喷洒管道、泵站管道，特别是用于需要移动的管道。

240. PP-R 塑料管为何具有比 PP 塑料管更宽的温度适用范围？

PP-R 塑料管具有比 PP 塑料管更宽的温度适用范围。聚丙烯（PP）塑料管的使用温度有一定的限制，包括沸水和低温。只由丙烯单体聚合而得到聚丙烯称为均聚 PP，其宏观力学性能表现为刚性大、强度高，但由于结晶度过高导致材料的韧性下降，故其温度适用范围较小。在丙烯聚合时掺入少量的其他单体，由丙烯和少量其他的单体共聚的聚丙烯（PP）称为共聚 PP。共聚 PP 可以减少聚丙烯高分子链的规整性，从而减少 PP 的结晶度，达到提高 PP 韧性的目的。共聚聚丙烯又分为嵌段共聚聚丙烯和无规共聚聚丙烯（PP-R）。PP-R 具有优良的韧性和抗温度变形性能，能耐 95℃ 以上的沸水、低温脆化温度可降至 -15℃，是制作热水管的优良材料，现已在建筑工程中广泛应用。

241. 某住宅用 I 型硬质聚氯乙烯（UPVC）塑料管作热水管，此后管道变形漏水，何故？

I 型硬质聚氯乙烯塑料管是用途较广的一种塑料管，但其热变形温度为 70℃，故不适宜较高温的热水输送。可选用 III 型氯化聚氯乙烯管，此类管称为高温聚氯乙烯管，使用温度可达 100℃。需要说明的是，若使用此类管输送饮水，必须进行卫生检验，因为如果生产时加入铝化合物稳定剂，铝化合物在使用过程中能析出，影响人们身体健康。

242. 应用塑料地板为何必须注意消防安全？

塑料地板包括用于地面装饰的各类塑料块板和铺地卷材。塑料地板不仅起着装饰、美化环境的作用，还赋予步行者以舒适的脚感、御寒保温，对减轻疲劳、调整心态有重要作用。塑料地板可应用于绝大多数的公用建筑，如办公楼、商店、学校等地面。另外，以乙炔黑作为导电填料的防静电 PVC 地板广泛用于邮电部门、实验室、计算机房、精密仪表控制车间等地面铺设，以消除静电危害。但是，应用塑料地板必须注意消防安全。特别是公共娱乐场所进行室内装修时选用饰面板，除了要达到高雅的装饰效果外，必须选用有阻燃效果的饰面板。

2000 年 6 月，河南某市一卡拉 OK 厅，发生火灾，造成 150 人死亡的悲剧，其中其装修时使用的装饰材料的可燃性是本次事故的重要原因。

又如，美国高 26 层的米高梅旅馆大楼，设备豪华，装饰精致。1980 年，其"戴丽"餐厅发生火灾，使用水枪扑救未能成功。因餐厅内有大量塑料、纸制品和装饰品，火势迅速蔓延，且塑料制品、胶合板等在燃烧时放出有毒烟气。着火后，旅馆内空调系统没有关闭，烟气通过空调管道扩散，在短时间内整个旅馆大楼充满烟雾。火灾造成巨大损失，死亡 84 人，受伤 679 人。

因此，在工程应用中需注意塑料制品等的可燃性及其燃烧气体的毒性，尽量使用通过改进配方制成的自熄和难燃、甚至不燃产品。

243. 塑料门窗与其他门窗相比有何特点？高风压地区的高层建筑选用塑料窗合适否？

塑料门窗包括全塑门窗和复合塑料门窗两类。全塑门窗一般采用聚氯乙烯树脂制造。塑料门窗具有容易加工成型和拼装上的优点，因而其门窗结构形式的设计，有更大的灵活性。塑料门窗与钢木门窗及铝合金门窗相比有以下特点：

（1）隔热性能优异。常用聚氯乙烯（PVC）的导热系数虽与木材相近，但由于塑料门窗框、扇均为中空异形材，密闭空气层导热系数极低，所以，它的保温隔热性能远优于木门窗，比钢门窗可节约大量能源。

（2）气密性、水密性好。塑料门窗所用的中空异型材，挤压成形，尺寸准确，而且型材侧面带有嵌固弹性密封条的凹槽，使密封性大为改善，如当风速为40km/h时，空气泄漏量仅为$0.03m^3/min$。密封性的改善不仅提高了水密性、气密性，也减少了进入室内的尘土，改善了生活、工作环境。

（3）装饰性好。塑料制品可根据需要设计出各种颜色和样式，门窗尺寸准确，一次成型，具有良好的装饰性。考虑到吸热及老化问题，外窗多为白色。

（4）加工性能好。利用塑料易加工成型的优点，只要改变模具，即可挤压出适合不同风压强度要求及建筑功能要求的复杂断面的中空异型材。

（5）隔声性能好。塑料窗的隔声效果优于普通窗。按德国工业标准 DIN 4109 试验，塑料门窗隔声达 30dB，而普通窗的隔声只有 25dB。

另外，塑料门窗应具有较好的耐老化性能。生产时应在塑料门窗用树脂中加入适当的抗老化剂，使其抗老化性有可靠的保证。德国最早使用的塑料门窗至今已有30余年，除光泽稍有变化外，性能无明显变化。

虽然塑料窗在不少方面优于铝合金窗，但其材质弹性模量小，为铝合金的1/36；拉伸性能亦仅为铝合金材质的1/2.2，且五金配件安装节点相对较薄弱。此外，有的塑料窗限于型材结构等原因，某些配件无法与衬钢连接，其隐患更大。故高风压地区的高层建筑宜选用铝合金窗，而不选用塑料窗。

244. 什么是胶粘剂？土木工程材料所用的胶粘剂应具备哪些基本条件？

胶粘剂是能将各种材料紧密地粘结在一起的物质的总称。土木工程材料中所应用的胶粘剂应具备以下基本条件：

（1）具有浸润被粘结物表面的浸润性和流动性；
（2）不因温度及环境条件作用而迅速老化；
（3）便于调节硬化速度和粘结性；
（4）膨胀及收缩值较小；
（5）粘结强度较大。

除此之外，胶粘剂还必须对人体无害。我国已制定了《室内装修材料胶粘剂中有害物质限量》（GB 18583—2001）强制性国家标准。胶粘剂中有害物质限量见表7-1和表7-2。

溶剂型胶粘剂中有害物质限量值　　　　表7-1

项目	指标		
	橡胶类胶粘剂	聚氨酯类胶粘剂	其他胶粘剂
游离甲醛（g/kg）	≤0.5	—	—
苯[1]（g/kg）	≤5		
甲苯+二甲苯（g/kg）	≤200		
甲苯二异氰酸酯（g/L）	—	≤10	—
总挥发性有机物（g/L）	≤750		

注：1）苯不能作为溶剂使用，作为杂质其最高含量不得大于表7-2的规定。

水基型胶粘剂中有害物质限量值　　　表7-2

项　　目	指　　　标				
	缩甲醛类胶粘剂	聚乙酸乙烯类胶粘剂	橡胶类胶粘剂	聚氨酯类胶粘剂	其他胶粘剂
游离甲醛（g/kg）	≤1	≤1	≤1	—	≤1
苯（g/kg）	≤0.2				
甲苯十二甲苯（g/kg）	≤10				
总挥发性有机物（g/L）	≤50				

245. 在粘结结构材料或修补混凝土时，一般宜选用哪类树脂胶粘剂？

一般认为，将胶粘剂能与被粘材料牢固地粘结在一起的粘结力主要来源于以下几个方面：① 机械粘结力：胶粘剂涂敷在材料的表面后，能渗入材料表面的凹陷处和表面的孔隙内，胶粘剂在固化后如同镶嵌在材料内部。正是靠这种机械锚固力将材料粘结在一起。② 物理吸附力：胶粘剂分子和材料分子间存在的物理吸附力，即范德华力将材料粘结在一起。③ 化学键力：某些胶粘剂分子与材料分子间可以发生化学反应，即在胶粘剂与材料间存在有化学键力，依靠化学键力将材料粘结为一个整体。对不同的胶粘剂和被粘材料，粘结力的主要来源也不同，当机械粘结力、物理吸附力和化学键力共同作用时，可获得很高的粘结强度。④ 扩散理论：互相扩散形成牢固的粘结。胶粘剂与被粘结物之间的牢固粘结是上述各因素综合作用的结果。但上述各因素对不同材料粘结力的作用贡献大小各不相同。

结构材料通常要承受较大的作用力，如果胶粘剂与被粘结的结构材料没有化学键的结合，它所提供的粘结力有限，因而结构材料的修补常常选用能够与其形成化学键作用的胶粘剂。热固性胶粘剂在粘合结构材料的同时，还可与之产生化学反应，从而给粘合面提供较大的作用力。常用热固性胶粘剂有：环氧树脂、不饱和聚酯树脂、α—氰基丙烯酸酯胶等。修补建筑结构（如混凝土、混凝土结构）时，同样宜选用热固性胶粘剂，也是因为建筑结构也要承受较大的作用力的缘故。

环氧树脂胶粘剂是热塑性树脂胶粘剂，主要由环氧树脂、固化剂、填料、稀释剂、增韧剂等组成。改变胶粘剂的组成可以得到不同性质和用途的胶粘剂。环氧树脂胶粘剂的耐酸、耐碱侵蚀性好，可在常温、低温和高温等条件下固化，并对金属、陶瓷、木材、混凝土、硬塑料等均有很高的粘附力。在粘结混凝土方面，其性能远远超过其他胶粘剂，广泛用于混凝土结构裂缝的修补和混凝土结构的补强与加固。

246. 白乳胶粘结木制家具耐久性相当好，但用其粘结街道招牌时间长会脱落，何故？

聚醋酸乙烯胶粘剂是常用的热塑性树脂胶粘剂，俗称白乳胶。它是一种使用方便、价格便宜，应用广泛的一种非结构胶。它对各种极性材料有较高的粘附力，但耐热性、对溶剂作用的稳定性及耐水性较差，只能作为室温下使用的非结构胶。街道上的招牌经受长期日晒雨淋，因其耐久性差而脱落。而作为家具等的粘结，对耐热性和耐水性的要求不高，也就可长久使用。

247. 某工程采购的单组分硅胶密封胶半年后发现该胶粘剂已无法使用，何故？

这是因为单组分的密封胶储存稳定性较差，其固化剂与粘合剂已预先混合在一起，随着储存时间的增加，固化剂分解变性的趋势增加，导致胶粘剂固化失效，储存的有效期较短。该胶粘剂在储存过程中已过了保质期，因而失效。

248. 使用瓷砖胶粘剂后为何瓷砖还会出现空鼓或粘结力下降？

瓷砖胶粘剂是以可再分散胶粉为主要成分的母料，与水泥、砂按比例拌合均匀，再加水搅拌而成。瓷砖胶粘剂母料具有增粘和保水等功能。所配制的瓷砖胶粘剂具有良好的耐水、耐温、防水抗渗、耐冻融、耐冷热急变性和长期的耐久性。

使用瓷砖胶粘剂粘结后出现空鼓或粘结力下降的原因主要有几种可能：一是瓷砖胶粘剂本身，特别是母料的质量问题，如分散性不够好、保水性较差等；二是粘结时已经过了放置时间，粘结性减弱；三是胶浆的用量不足，导致在前后调整时拉出过多，使胶浆脱层。

249. 聚合物材料在土木工程上会有哪些新的应用？

目前，土木工程所用的聚合物材料主要是塑料、胶粘剂以及其他聚合物复合材料。世界上用于土木工程上的塑料约占土木工程材料用量的11%，估计还会增加。塑料门窗、天花板及管道等在应用中已显示出不少优势，还会继续发展。此外，以聚合物为主体的胶粘剂、防水材料亦发展迅速。聚合物材料在土木工程中应用扩展的重要方向是与其他材料复合、扬长避短，如塑钢门窗、聚合物混凝土、塑钢管道、塑铝管道和塑木复合模板等复合材料更显示优势。

此外，还根据其重量轻，装拆方便，可采光，耐水耐腐蚀等特点，进一步拓展其应用。在需要轻便而易于装拆的流动性房屋时，塑料房屋就成为当然的选择。在民用市场上，塑料建筑可以作为假期旅游的小型别墅，商业性建筑中的小型办公室等。世界上第一个全塑料建筑物是由美国蒙桑多（Monsanto）化学公司在1956年制造的，它被称为"未来的住宅"，它是由GRP夹芯板制成的薄壳结构。塑料建筑物的造价一般高于传统材料的建筑物，这是它推广使用的主要障碍。同时，塑料的刚性和强度也不及传统材料，因此它只能用来建造小型的、承重较小的建筑物，一般是单层的单元建筑，最近也出现了高层的塑料单元建筑，但主要承重结构仍然是传统材料。

第八章 木 材

250. 如何根据需要选用木材？

树木按树叶外观形状不同分针叶树和阔叶树两大类。宜根据需要选用木材。

针叶树树叶细长，树干通直高大，易得大材，其纹理顺直，材质均匀，木质较软而易于加工，故又称软木材。针叶树材强度较高，表观密度和胀缩变形较小，耐腐性较强，是建筑工程中的主要用材，广泛用作承重构件、制作模板、门窗等。常用树种有松、杉、柏等。

阔叶树树叶宽大，多数树种的树干通直部分较短，材质坚硬，较难加工，故又称硬木材。阔叶树材一般表观密度较大，胀缩和翘曲变形大，易开裂，在建筑中常用作尺寸较小的装修和装饰。阔叶树又可分为两种，一种材质较硬，纹理也清晰美观，如樟木、水曲柳、桐木、柞木、榆木等；另一种材质并不很坚硬（有些甚至与针叶树一样松软），且纹理也不很清晰，但质地较针叶树更为细腻。属于这一类的木材主要有桦木、椴木、山杨、青杨等树种。

251. 名贵树种的实木地板是否材质就好？

有的人追求名贵树种的实木地板，认为树种价格越高，材质越好。木材价格的高低由材质和珍稀程度确定。树种珍稀不等同其材质好。有的珍稀树种的实木地板材质还不如普通树种。

252. 五大木制地板各有何优缺点，如何选用？

五大木制地板各有所长，可根据其特点选用。

（1）实木地板

实木地板是由天然木材制成，环保、自然是其特点。它是由天然木材经烘干加工后制成的地面装饰材料，因此具有保持原料自然花纹、脚感舒适、使用安全的优点。但由于天然木材干缩湿胀率较大，它具有容易变形的缺点。另外，由于实木地板取自的树种多，故价格差异相当大。

（2）强化木地板

强化木地板又称复合木地板，实用、耐磨是其特点。它是以硬质纤维板、中密度纤维板为基材的浸渍纸胶膜贴面层复合而成，表面再涂以三聚氰胺和三氧化二铝等耐磨材料。其制造工艺使之具有不易变形和耐磨的优点。

（3）实木复合木地板

实木复合木地板既环保、自然，又实用。由于它是由多层不同树种的板材交错层压而成，因而克服了实木地板单向同性的缺点，干缩湿胀率较小，并保留了实木地板的自然木纹和舒适脚感。实木复合木地板广泛用于民用住宅等的地面装饰。

（4）软木地板

软木地板特点是舒适、安全，但价格昂贵。软木地板的原料是生长在地中海沿岸的橡树树皮。软木制品包括葡萄酒瓶软木塞和软木地板等。其加工而成的地板具有质量轻、伸缩性好、不渗透、隔热和耐磨等优点，能满足人们对地板温暖、柔软、无害和低噪声等要求。

（5）竹木地板

竹木地板的特点是冬暖夏凉、防潮耐磨。竹木地板是竹子处理后制成的地板。它具有较好的使用性能，又可减少耗用天然木材。因地域气候原因，此类地板主要用于南方。

253. 什么是木材的含水率？什么是木材的平衡含水率？

木材的含水率是指木材所含水的质量占干燥木材质量的百分

数。含水率的大小对木材的湿胀干缩和强度影响很大。新伐木材的含水率常在35%以上；风干木材的含水率为15%~25%；室内干燥木材的含水率为8%~15%。

木材的吸湿性是双向的，即干燥木材能从周围空气中吸收水分，潮湿的木材也能在较干燥的空气中失去水分，其含水率随着环境的温度和湿度的变化而改变。当木材长时间处于一定温度和湿度的环境中时，木材中的含水量最后会达到与周围环境湿度相平衡，这时木材的含水率称为平衡含水率。它是木材进行干燥时的重要指标。平衡含水率随空气湿度的变大和温度的升高而增大，反之减少。我国北方木材的平衡含水率约为12%左右，南方约为18%，长江流域一般为15%左右。

254. 木材的湿胀干缩有何规律？对木材的应用有哪些影响？

湿胀干缩是指材料在含水率增加时体积膨胀，含水率减少时体积收缩的现象。木材的湿胀干缩具有一定规律：当木材的含水率在纤维饱和点以下变化时，随着含水率的增加，木材体积产生膨胀，随着含水率减小，木材体积收缩；而当木材含水率在纤维饱和点以上变化时，只是自由水的增减，木材的体积不发生变化。木材的纤维饱和点是木材发生湿胀干缩变形的转折点。

木材为非匀质构造，从其构造上可分为弦向、径向和纵向，其各方向胀缩变形不同，其中以弦向最大，径向次之，纵向（即顺纤维方向）最小。如木材干燥时，弦向干缩约为6%~12%，径向干缩3%~6%，纵向仅为0.1%~0.35%。木材弦向胀缩变形最大，是因受管胞横向排列的髓线与周围连接较差所致。木材的湿胀干缩变形还随树种不同而异，一般来说，表观密度大的、夏材含量多的木材，胀缩变形就较大。

木材显著的湿胀干缩变形，对木材的实际应用带来严重影响，干缩会造成木结构拼缝不严、接榫松弛、翘曲开裂，而湿胀又会使木材产生凸起变形。为了避免这种不利影响，在木材使用前预先将木材进行干燥处理，使木材含水率达到与使用环境湿度相适应的平衡含水率。

255. 有的木地板使用一段时间后出现接缝不严，但亦有一些木地板出现起拱。何故？

木地板接缝不严的原因是木地板干燥收缩。若铺设时木板的含水率过大，高于平衡含水率，则日后特别是干燥的季节，水分减少、干缩明显，就会出现接缝不严。但若原来木材含水率过低，木材吸水后膨胀，或温度升高后膨胀，就出现起拱。接缝不严与起拱是问题的两个方面，即木地板的制作需考虑使用环境的湿度，含水率过高或过低都是不利的，应控制适当范围，此外，应注意其防潮。对较常见的木地板接缝不严，选企口地板较平口地板更为有利。

256. 某客厅采用白松实木地板装修，使用一段时间后多处磨损，为什么？

白松属针叶树材。其木质软、硬度低、耐磨性差。虽受潮后不易变形，但用于走动频繁的客厅则不妥，可考虑改用质量好的复合木地板，其板面坚硬耐磨，可防高跟鞋、家具的重压、磨损。

257. 木材的强度有哪几种？它们之间大小的关系如何？

木材的强度主要是指其抗拉、抗压、抗弯和抗剪强度。由于木材的构造各向不同，致使各方向强度有很大差异，因此，木材的强度有顺纹强度和横纹强度之分。木材的顺纹强度比其横纹强度要大得多，所以，工程上均充分利用它的顺纹抗拉、抗压和抗弯强度，而避免使其横向承受拉力或压力。

当木材无缺陷时，其强度中顺纹抗拉强度最大，其次是抗弯强度和顺纹抗压强度，但有时却是木材的顺纹抗压强度最高，这是由于木材是自然生长的材料，在生长期间或多或少会受到环境不利因素影响而造成一些缺陷，如木节、斜纹、夹皮、虫蛀、腐朽等，而这些缺陷对木材的抗压强度影响较小，但对抗拉强度影响极为显著，从而造成抗拉强度低于抗压强度。当以顺纹抗压强度为 100 时，木材无缺陷时各强度大小关系见表 8-1。

木材无缺陷时各强度大小关系　　　表 8-1

抗压		抗拉		抗弯	抗剪	
顺纹	横纹	顺纹	横纹		顺纹	横纹切断
100	10~30	200~300	5~30	150~200	15~30	50~100

258. 如何合理选购强化木地板？

要合理选购强化木地板，需认真了解以下问题：

（1）表面耐磨性

这项指标直接影响木地板的使用寿命和使用功能。通常根据使用场合选择其耐磨值，家庭使用需 6000 转以上，相当于国际标准 AC3 级；公共场合使用需更高级别。有的企业生产的强化木地板仅 AC1 级或 AC2 级，其耐磨值为 6000 转以下，不耐磨。

（2）表面耐干热性和阻燃性

判断耐干热性一般根据地板表面受热时是否容易出现鼓泡、龟裂。判断阻燃性可把香烟放在地板上，观察其表面有无黑斑、龟裂、鼓泡；若无，则阻燃性较好。

（3）基材密度

由于密度越高的地板，吸水厚度膨胀率越小，其尺寸越不易变形。因此，应选用密度较高，且分布均匀的基材，以保证地板有更长的使用寿命。

（4）表面抗冲击性

地板受重物冲击后，其表面不会留下明显凹坑。这种木板具有良好的抗冲击性。

(5) 静曲强度和弹性模量

这两项重要指标反映了产品强度，直接影响着地板是否容易断裂。其主要取决于木材及其胶合质量。

(6) 游离甲醛的释放量

由于强化木地板中含有甲醛，若其含量超标将引起呼吸系统疾病，严重影响人体健康。因此，应选择甲醛含量符合国家规定的不超过 1.5mg/L 的产品。

(7) 加工精度

选择板间高度差小和拼装离缝窄的地板，将有利于地板表面的平整与美观。

(8) 吸水厚度膨胀率和含水率

强化木地板的吸水厚度膨胀率越高，木地板吸水后膨胀越大。强化木地板的含水率应为 3%~10%，若含水率过高，易干缩；反之，强化木地板的含水率过低，吸潮后膨胀、起拱。

(9) 表面抗剥离性

该指标反映了强化木地板表面装饰层与基材间的胶合质量。若胶合质量差，木地板表面装饰层易剥离。

(10) 内结合强度

内结合强度反映了强化木地板基材内纤维间的胶合质量。强化木地板内结合强度低，易导致强化木地板分层。

(11) 品牌与证书

好品牌产品往往会出示相关证书，如 ISO9000 质量管理体系认证证书、中国环境标志产品证书等。

259. 什么是拼花木地板？

拼花木地板是较高级的室内地面装修，分双层和单层两种，二者面层均用一定大小的硬木块镶拼而成，双层者下层为毛板层。面层拼花板材多选用柚木、水曲柳、柞木、核桃木、栎木、榆木、槐木等质地优良、不易腐朽开裂的硬木材。拼花小木条一一般均带有企口。双层拼花木地板是将面层小板条用暗钉钉在毛板上固定，单层拼花木地板是采用适宜的粘结材料，将硬木面板条直接粘贴于混凝土基层上。拼花木地板适合宾馆、会议室、办公室、疗养院、托儿所、体育馆、舞厅、酒吧、民用住宅等地面装饰。

260. 胶合板与刨花板在性能和使用方面有何不同？

胶合板又称层压板，是用蒸煮软化的原木旋切成大张薄片，再用胶粘剂按奇数层以各层纤维互相垂直的方向粘合热压而成的人造板材。胶合板层数可达15层。根据木片层数的不同，而有不同的称谓，如三合板、五合板等。我国胶合板目前主要采用松木、水曲柳、椴木、桦木、马尾松及部分进口原木制成。胶合板大大提高了木材的利用率，其主要特点是：由小直径的原木就能制得宽幅的板材；因其各层单板的纤维互相垂直，故能消除各向异性，得到纵横一样的均匀强度；干湿变形小；没有木节和裂纹等缺陷。胶合板广泛用作建筑室内隔墙板、天花板、门框、门面板以及各种家具及室内装修等。

刨花板是以刨花碎片为原料，经干燥后拌入胶料，再经热压而制成的人造板材。所用胶料可用合成树脂，也可用水泥等无机胶结料。这类板材一般表观密度较小，强度较低，主要用作绝热和吸声材料，但不易用于潮湿处。其表面可粘贴塑料贴面或胶合板作饰面层，这样既增加了板材的强度，又使板材具有装饰性，可用作吊顶、隔墙、家具等。

261. 某工地使用脲醛树脂作胶粘剂的胶合板作混凝土模板，其使用寿命短。何故？

胶合板所使用的胶粘剂对其性能至关重要。用于混凝土模板的胶合板，应采用酚醛树脂或其他性能相当的胶粘剂，具有耐候性、耐水性，能适应在室外使用。而脲醛树脂胶粘剂尽管便宜，但其使用寿命短，不适于作室外使用。

262. 木材的防火处理有哪些办法？

木材属木质纤维材料，易燃烧，它是具有火灾危险性的可燃有机物。

阻止和延缓木材燃烧的途径，主要有：抑制木材在高温下的热分解；利用阻燃物质阻滞热传递；稀释木材燃烧面周围空气中的氧气和热分解产生的可燃气体，增加隔氧作用。常用木材防火处理方法是在木材表面涂刷或覆盖难燃材料和用防火剂浸注木材。

263. 为何木材是"湿千年，干千年，干干湿湿二三年"？

民间谚语称木材："干千年，湿千年，干干湿湿二三年。"意思是说，木材只要一直保持通风干燥或完全浸于水中，就不会腐朽破坏，但是如果木材干干湿湿，则极易腐朽。

真菌在木材中的生存和繁殖，须同时具备三个条件，即要有适当的水分、空气和温度。但木材的含水率在35%~50%，温度在25~30℃，木材中又存在一定量空气时，最适宜腐朽真菌繁殖，木材最易腐朽。木材完全浸入水中，因缺空气而不易腐朽；木材完全干燥，亦因缺水分而不易腐朽。相反，在干干湿湿的环境中，同时满足了腐朽真菌繁殖的三个条件，木材亦就很快腐朽了。真菌在木材中生存和繁殖必须具备三个条件，即：水分、适宜的温度和空气中的氧。所以，木材完全干燥和完全浸入水中（缺氧）都不易腐朽。

通常防止木材腐朽的措施有以下两种：一是破坏真菌生存的条件，最常用的办法是：使木结构、木制品和储存的木材处于经常保持通风干燥的状态，并对木结构和木制品表面进行油漆处理，油漆涂层既使木材隔绝了空气，又隔绝了水分。二是将化学防腐剂注入木材中，使真菌无法寄生。木材防腐剂种类很多，一般分水溶性防腐剂、油质防腐剂和膏状防腐剂三类。

264. 为何铺木地板完工后不宜长时间关闭门窗？

某设备用房铺炉渣混凝土后，再铺木地板。完工门窗关闭一年后设备进场，发现木板大部分已腐朽。因炉渣混凝土中的水分封闭于木地板内部，慢慢浸透到未作防腐、防潮处理的木搁栅和木地板中，门窗关闭又使得木材含水率较高，此环境条件正好适合真菌的生长，导致木材腐朽。为此，当铺木地板完工，可待一段时间水分挥发后，再关闭门窗。

265. 现代木结构住宅有何优点？

木材是天然可再生资源，加工方便，可灵活建造各种形式舒适的家居，在内墙板安装前墙体框架内可排设管线和安装保温材料，节能整洁。木结构住宅安全性特别值得一提。1995年日本神户大地震中，10.1万幢房屋倒塌，8.9万幢房屋受损。但神户市由 $2m \times 4m$ 板材建造的木结构房屋，96.8%只是轻微受损，或安然无恙。现代木结构房屋具有较好的抗震性是其显著优点。

第九章 建筑功能材料

266. 什么是建筑功能材料？目前常用的建筑功能材料有哪些？

建筑功能材料是以材料的力学性能以外的功能为特征的材料，它赋予建筑物防水、防火、绝热、采光、防腐等功能。建筑物用途的拓展以及人们物质需求的提高，使其对建筑功能材料方面的要求越来越高。目前，国内外现代建筑中常用的建筑功能材料有：防水堵水材料、绝热材料、吸声材料、装饰材料、光学材料、防火材料、建筑加固修复材料等。

267. 建筑防水材料与堵水材料有何差别？

防水材料是指具有防止建筑工程结构免受雨水、地下水、生活用水侵蚀的材料。堵水材料还需满足带水操作的施工要求。

防水材料根据其特性可分为柔性和刚性两类。柔性防水材料是指具有一定柔韧性和较大延伸率的防水材料，如防水卷材、有机涂料，它们构成柔性防水层。刚性防水材料是指采用较高强度和无延伸能力的防水材料，如防水砂浆、防水混凝土等，它们构成刚性防水层。随着现代科学技术的发展，建筑防水材料的品种、数量越来越多，性能各异。依据建筑防水材料的外观形态可分为防水卷材、防水涂料、密封材料和刚性防水材料四大系列。此外，地下防水工程中还用塑料板和金属板等防水材料构成板材防水层。

268. 防水卷材有何特点？如何选用？

防水卷材是可卷曲成卷状的柔性防水材料。它是目前我国使用量最大的防水材料。防水卷材主要包括普通沥青防水卷材、改性沥青防水卷材和合成高分子防水卷材三个系列。

(1) 沥青防水卷材

沥青防水卷材是以沥青为主要浸涂材料所制成的卷材。分有胎卷材和无胎卷材两类。有胎沥青防水卷材是以原纸、纤维毡、纤维布、金属箔、塑料膜等材料中的一种或数种复合为胎基，浸涂沥青、改性沥青或改性焦油，并用隔离材料覆盖其表面所制成的防水卷材，即含有增强材料的油毡。无胎沥青防水卷材是以橡胶或树脂、沥青、各种配合剂和填料为原料，经热熔混合后成型而制成的防水卷材，即不含有增强材料的油毡。常见沥青防水卷材的特点与应用范围见表9-1。

常见沥青防水卷材的特点与应用范围　　　　表9-1

卷材名称	特　　点	适用范围
石油沥青纸胎油毡	资源丰富、价格低廉，抗拉性能低、低温柔性差、温度敏感性大。使用年限较短。是我国传统的防水材料	三毡四油、二毡三油叠层铺设的屋面工程
石油沥青玻璃布油毡	抗拉强度较高、胎体不易腐烂、柔韧性好、耐久性比纸胎油毡高一倍以上	用作纸胎油毡的增强附加层和突出部位的防水层
石油沥青玻纤油毡	耐腐蚀性和耐久性好，柔韧性、抗拉性能优于纸胎油毡	常用于屋面和地下防水工程
石油沥青黄麻胎油毡	抗拉强度高，耐水性和柔性好，但胎体材料易腐烂	常用于屋面增强附加层
石油沥青铝箔胎油毡	防水性能好，隔热和隔水汽性能好，柔韧性较好，且具有一定的抗拉强度	与带孔玻纤毡配合或单独使用，用于热反射屋面和隔汽层

(2) 改性沥青防水卷材

改性沥青防水卷材是以改性沥青为涂盖层，纤维织物或纤维毡为胎体，粉状、片状、粒状或薄膜材料为覆盖层材料制成可卷曲的片状防水材料。

改性沥青防水卷材改善了普通沥青防水卷材温度稳定性差、延伸率小等缺点，具有高温不流淌、低温不脆裂、拉伸强度较高、延伸率较大等特点。我国常用改性沥青防水卷材有弹性体改性沥青防水卷材、塑性体改性沥青防水卷材、改性沥青聚乙烯胎防水卷材、沥青复合胎柔性防水卷材、自粘橡胶沥青防水卷材等。

① 弹性体改性沥青防水卷材：弹性体改性沥青防水卷材是以聚酯毡或玻纤毡为胎体、苯乙烯-丁二烯-苯乙烯（SBS）热塑性弹性体作改性剂，两面覆以隔离材料所制成的防水卷材。此防水卷材高温稳定性和低温柔韧性明显改善，抗拉强度和延伸率较高，耐疲劳性和耐老化性好，并将传统的油毡热施工改为冷施工。该类防水卷材广泛适用于各类建筑防水、防潮工程，尤其适用于寒冷地区的建筑物防水。

② 塑性体改性沥青防水卷材：塑性体改性沥青防水卷材是以聚酯毡或玻纤毡为胎体、无规共聚聚丙烯（APP）或聚烯烃类聚合物（APAO、APO）作改性剂，两面覆以隔离材料所制成的防水卷材。常用塑性体改性沥青防水卷材为APP改性沥青防水卷材，其抗拉强度高，延伸率大，耐老化性、耐腐蚀性和耐紫外线老化性能好，可在130℃以下的温度使用，因而适用于紫外线强烈及炎热地区的屋面使用。

（3）合成高分子防水卷材

合成高分子防水卷材是指以合成橡胶、合成树脂或两者共混体为基料，加入适量的化学助剂和填充料等，经不同工序加工而成的可卷曲的片状防水材料；或把上述材料与合成纤维等复合形成两层或两层以上可卷曲的片状防水材料。

合成高分子防水卷材具有多方面的优点，如高弹性，高延伸性，良好的耐老化性、耐高温性和耐低温性等。因而已成为新型防水材料发展的主导方向，其主要产品有聚氯乙烯防水卷材、氯化聚乙烯防水卷材、氯化聚乙烯-橡胶共混防水卷材、三元乙丙橡胶防水卷材和三元丁基橡胶防水卷材等。其中三元乙丙橡胶防水卷材防水性能优异，耐候性好，耐臭氧性和耐化学腐蚀性好，弹性和抗拉强度高，对基层变形开裂的适应性强，使用温度范围宽，寿命长，但价格高，且需配套合适的粘结材料。

269. 如何预防屋面卷材鼓泡渗漏？

屋面卷材鼓泡常见于基材与卷材之间，个别出现在卷材内部。鼓泡内往往较潮湿，鼓泡虽短时间内不至于马上渗漏，但易损坏渗漏。

如某住宅楼屋面于 8 月份施工，当地常下雨，停雨后立即铺贴沥青防水卷材，其后卷材出现鼓泡、渗漏。原因是夏季中午炎热，屋顶受太阳辐射，温度较高，此时铺贴沥青防水卷材基层中的水气蒸发，集中于铺贴的卷材内表面，并使卷材鼓泡。此外，高温时沥青防水卷材软化，卷材膨胀，当温度降低后卷材产生收缩，导致断裂。还需指出的是，沥青中还含有对人体有害的挥发物，在强烈阳光照射下，会使操作工人得皮炎等疾病。故铺贴沥青防水卷材应尽量避开炎热中午和雨期，注意屋面基材的含水率，特别是有保温层的屋面含水率要低；另外，需选用质量好的卷材。

270. 为何有的橡塑共混卷材使用一段时间后会出现裂缝及漏水？

上海某厂房屋面工程于冬季分包给两个防水材料厂的工程队施工，并分别采用两种不同品牌的橡塑共混防水卷材及不同施工工法施工，采用的施工方法为满贴法与条贴法。经过两个夏季后发现，凡采用 A 厂卷材均出现众多裂缝及漏水，且现场可见其卷材表面已有众多纹理；而 B 厂卷材则未出现开裂。经对比测试分，其质量问题主要为：

① 自然老化性能：经 1 年半自然老化后，A 厂卷材断裂伸长率不合格，拉伸强度虽合格，但纵横向相差值较大；而 B 厂卷材不仅上述指标合格，且纵横向相差值不大。A 厂卷材表面已有众多纹理和裂缝，可见其均匀性不足，且已过早老化。

② 其他性能分析：A 厂卷材的其他方面性能亦差于 B 厂。

如，A厂卷材加热前后尺寸变化值是B厂的3倍；剪切试验亦证实A厂卷材质量较差。

还需说明的是，除卷材的质量问题外，粘贴方法亦有一定的影响。当基层含水率较高，且采用单层卷材施工，宜采用条贴法或点贴法铺贴卷材。满贴法因卷材与基层粘结很牢固，卷材的伸长率无法适应基层开裂的要求，卷材的开裂也就难以避免。

271. 防水涂料有何特点？

防水涂料是以高分子材料为主体，在常温下呈无定形液态，经涂布能在结构物表面固化形成具有相当厚度并有一定弹性的防水膜的物料总称。防水涂料广泛适用于工业与民用建筑的屋面防水工程、地下室防水工程和地面防潮、防渗等。按主要成膜物质可分为乳化沥青类防水涂料、改性沥青类防水涂料、合成高分子类防水涂料和水泥基防水涂料等。

防水涂料固化前呈黏稠状液态，不仅能在水平面施工，而且能在立面、阴角、阳角等复杂表面施工。因而，特别适合于各种复杂、不规则部位的防水，能形成无接缝的完整防水膜。防水涂料大多采用冷施工，既减少了环境污染，又便于施工操作，改善工作环境。此外，涂布的防水涂料既是防水层的主体，又是胶粘剂，因而施工质量容易保证，维修也较简单。尤其是对于基层裂缝、施工缝、雨水斗及贯穿管周围等一些容易造成渗漏的部位，极易进行增强涂刷、贴布等作业。施工时，防水涂料须采用刷子、刮板等逐层涂刷或涂刮，故防水膜的厚度很难做到像防水卷材那样均匀。

272. 沥青基防水涂料与改性沥青类防水涂料的性能和应用有何差别？

沥青基防水涂料是以沥青为基料配制而成的水乳型或溶剂型防水涂料。乳化沥青涂刷于材料基面，水分蒸发后，沥青微粒靠拢将乳化剂膜挤裂，相互团聚而粘结成连续的沥青膜层，成膜后的乳化沥青与基层粘结形成防水层。乳化沥青涂料的常用品种是石灰乳化沥青涂料，它以石灰膏为乳化剂，在机械强力搅拌下将沥青乳化制成厚质防水涂料。乳化沥青的储存期一般三个月左右，否则容易引起凝聚分层而变质。储存温度不得低于零度，不宜在-5℃以下施工，以免水结冰而破坏防水层，也不宜在夏季烈日下施工，因表面水分蒸发过快而成膜，导致膜内水分蒸发不出而产生气泡。乳化沥青主要适用于防水等级较低的工业与民用建筑屋面、混凝土地下室和卫生间防水、防潮；粘贴玻璃纤维毡片作屋面防水层；拌制冷用沥青砂浆和混凝土铺筑路面等。

改性沥青类防水涂料指以沥青为基料，用合成高分子聚合物进行改性，制成的水乳型或溶剂型防水涂料。改性沥青类防水涂料在柔韧性、抗裂性、拉伸强度、耐高低温性能、使用寿命等方面比沥青基涂料有很大改善。这类涂料常用产品有氯丁橡胶沥青防水涂料、水乳型橡胶沥青防水涂料、APP改性沥青防水涂料、SBS改性沥青防水涂料等。这类涂料广泛应用于各级屋面和地下室，以及卫生间等的防水工程。

273. 合成高分子类防水涂料有何特点？常用品种有哪些？

合成高分子防水涂料指以合成橡胶或合成树脂为主要成膜物质制成的单组分或多组分的防水涂料。这类涂料具有高弹性、高耐久性及优良的耐高低温性能。常用产品有聚氨酯防水涂料、聚合物乳液建筑防水涂料、聚合物水泥防水涂料、聚氯乙烯防水涂料、有机硅防水涂料等。适用于高防水等级的屋面、地下室、水池及卫生间的防水工程。

由于聚氨酯防水涂料是反应型防水涂料，因而固化时体积收缩很小，可形成较厚的防水涂膜，具有弹性高、延伸率大、耐高低温性好、耐酸、耐碱、耐老化等优异性能。

需要说明的是，由煤焦油生产的聚氨酯防水涂料对人体有害，故这类涂料严禁用于冷库内壁及饮水池等防水工程。

274. 如何在潮湿水下条件修补渗漏混凝土？

可选用潮湿水下环氧树脂粘贴玻璃丝布的办法修补渗漏混凝土。如：某水电站由于顶板混凝土较薄，加之混凝土施工质量较差，顶板出现裂缝，普遍渗水，成为安全生产隐患，需要修补。选用潮湿水下环氧树脂粘贴玻璃丝布的办法进行修补。修补工作根据工程具体条件，选用环氧材料涂刷，在其固化前铺盖玻璃丝布，并设法整平、压紧。然后再涂第二层树脂，即形成玻璃钢结构。一天后固化基本完成，实际修补施工时间为三天，取得了理想的效果。

275. 某基础下陷不均而开裂的地下室采用刚性防水材料效果不佳，何故？

刚性防水材料是指以水泥、砂、石为原料或其内掺入少量外加剂、高分子聚合物等材料，通过调整配合比、抑制或减小孔隙率、改变孔隙特征、增加各原材料界面间的密实性等方法，配制成具有一定抗渗透能力的水泥砂浆、混凝土类防水材料。刚性防水材料可通过两种方法实现：一是以硅酸盐水泥为基料，加入无机或有机外加剂配制而成的防水砂浆、防水混凝土。如，外加剂防水混凝土、聚合物防水砂浆等。二是以膨胀水泥为主的特种水泥为基材配制的防水砂浆、防水混凝土。

刚性防水是刚性的。虽对混凝土或水泥砂浆等多孔材料有一定的渗透性，起堵塞水分通道的作用。但刚性防水的拉伸性能较差，不能有效地适应基础不均匀下陷，在基础开裂的同时也会随之开裂。所以，基础下陷不均而开裂的地下室不宜采用刚性防水材料。

276. 什么是建筑密封材料？常用的建筑密封材料各有何特点？

建筑密封材料是能承受位移以达到气密、水密目的而嵌入建筑接缝中的定形和不定形的材料。它可起到防水作用，同时也起到防尘、隔汽与隔声的作用。为了使建筑物或构筑物工程中各种构件的接缝能够形成连续体，并具有不透水性与气密性，密封材料应具有良好的变形性能、压缩循环性能和耐气候性以及耐水性。

密封材料可分为定型和不定型两大类：定型密封材料是指具有特定形状的密封衬垫，如密封条、密封胶带、密封垫等；不定型密封材料是指一种黏稠状的材料，俗称密封膏或嵌缝膏。

其中硅酮密封胶是以有机硅氧烷为主剂，加入适量硫化剂、硫化促进剂、增强填充料和颜料等组成的。硅酮密封胶根据其功能可分为两类。一是耐候密封胶。它是用于嵌缝的具有较高变形能力的低模数密封胶，主要用于铝合金、玻璃、石材等的嵌缝。二是结构密封胶。它是用于玻璃幕墙结构中玻璃与铝合金构件、玻璃板与玻璃板等之间的粘结的密封胶。硅酮密封胶具有如下特性：良好的抗老化性能；良好的变形性能；具有良好的压缩循环性能；耐热、耐寒性能好。

建筑防水沥青嵌缝油膏是以石油沥青为基料，加入改性材料、稀释剂及填充料混合制成的冷用膏状密封材料。主要用于各种混凝土屋面板、墙板等建筑构件节点的防水密封。建筑防水沥青嵌缝油膏按耐热性和低温柔性划分标号，如801号的耐热温度不高于80℃，低温柔性温度不低于-10℃。

聚氨酯建筑密封膏是以异氰酸基（-NCO）为基料，与含有活性氢化物的固化剂组成的一种常温固化弹性密封材料。聚氨酯密封膏有以下特点：具有易触变的黏度特性，因此不易流坠，施工性好；耐寒性好，在-50℃时仍具有弹性；耐热性差；聚氨酯预聚体遇水或湿气反应而产生碳酸气，留在密封材料内部产生气泡，发泡膨胀率可达0~25%。聚氨酯建筑密封膏广泛用于各种装配式建筑的屋面板、楼地板、阳台、窗框、卫生间等部位的接缝、施工缝的密封；给排水管道、储水池、游泳池、引水渠及土木工程等的接缝密封、混凝土裂缝的修补等。

277. 铝合金门窗的玻璃密封选用哪一种密封材料较合适？

选用密封膏需要考虑性能、施工方便与成本。单组分硅酮密封膏、双组分聚氨酯密封膏和双组分聚硫橡胶建筑密封膏的性能都不错，主要考虑施工方便与成本。

单组分硅酮密封膏由有机硅氧烷聚合物、交联剂、填充料等组成，密封膏在施工后，吸收空气中的水分而交联成为弹性体，使用起来非常方便。硅酮建筑密封膏具有优异的耐热性、耐寒性，使用温度为 $-50 \sim +250℃$，并具有良好的耐候性、抗伸缩疲劳性和憎水性。单组分硅酮建筑密封膏对玻璃、陶瓷等材料有较高的粘结性，而且价格比较便宜。

双组分聚氨酯密封膏和双组分聚硫橡胶建筑密封膏使用时需要配制，而且配完后必须立刻用完，在实际施工中就不方便使用，而且双组分聚氨酯密封膏与双组分聚硫橡胶密封膏价格也较单组分硅酮密封膏贵。所以，当三者质量性能都有保障时，铝合金门窗的玻璃密封膏选用单组分硅酮密封膏较合适。

278. 建筑堵水材料是如何分类的？

建筑堵水材料主要用于房屋建筑、构筑物、水工建筑等在有水或潮湿环境下的防水堵漏。故需满足带水操作的施工要求。

按施工方式，建筑堵漏止水材料分为灌浆材料、柔性嵌缝材料、刚性止水材料及刚性抹面材料。其特点和用途见表9-2。

常用建筑堵水材料的特点及用途   表9-2

品	种	特 性 及 用 途
灌浆注浆材料	水溶性聚氨酯注浆材料	具有弹性止水和以水止水的双重功能，并有黏度低、可灌性好、毒性低、强度高、对潮湿基面粘结力强等性能；适用于土木工程防水堵漏、大坝基础灌浆、坝体混凝土裂缝防渗补强、松软地基加固等

续表

品　种		特　性　及　用　途
灌浆注浆材料	硅酸盐水泥超早强外掺剂（SH外掺剂）	具有超早强性能，强度以小时计算，且长期强度稳定，并有微膨胀、抗渗、抗冻、抗硫酸盐、对钢筋无锈蚀等特性；适用于地铁、隧道及其他地下工程的防水、防漏
	硫铝酸盐R型地质勘探水泥	具有速凝、早期强度高、微膨胀、抗硫酸盐侵蚀、负温性能好等特性；适用于地质勘探工程中护孔固壁、止涌堵漏、固楔纠斜、封口止水、固结套管以及应急抢修工程等
	硫铝酸盐超早强膨胀水泥	具有速凝、快硬、早强、微膨胀等特性；适用于大型基础和预埋孔灌浆、地质钻探护孔固壁、混凝土构件板柱浆锚，以及隧道涵洞、地铁、港口、桥梁、机场跑道的加固修补和抗渗堵漏
柔性嵌缝材料	止水橡皮及橡胶止水带	具有良好的弹性、耐磨、耐老化（在-40~+40℃条件下）、抗撕裂和防水等性能；适用于小型水坝、储水池、地下通道、河底隧道、游泳池及地下工程变形缝处的防水密封
	自粘性橡胶	具有良好的粘结性、延伸性、耐老化性；适用于各种不同规格的缝隙、孔槽的接缝、嵌缝的堵洞防水
	丁基不干性密封材料	具有良好的水密性、气密性、耐高低温性能；适用于混凝土、橡胶、塑料、陶瓷、木材、多种金属的粘附和密封，并可用于外墙接缝、刚性屋面伸缩缝、门窗框缝隙和卫生间的防水密封
	塑料止水带	具有良好的耐久性和物理力学性能；适用于工业与民用建筑的地下防水，以及隧道、涵洞、坝体、沟渠等水工构筑物的变形缝防水
刚性止水材料	无机复合堵漏剂	具有快凝快硬、瞬间止水、早强高强、抗渗抗裂、无毒无害、储存运输方便等特点，而且与新老混凝土及砖、石基层粘结牢固，可带水作业，施工简便，见效快，防水耐久，可用于各种建筑屋面、地下室、水池、管道、人防洞库、国防工事、工矿井巷等工程的防水堵漏及抢修加固
刚性抹面材料	无机铝盐防水剂	具有抗渗、抗压、抗拉、抗寒、耐高温、耐强碱、耐老化等性能；适用于建筑物、构筑物、水工工程，如隧道、坝堤、桥梁、水池等防渗
	有机硅防水砂浆	具有良好的憎水性、透气性和耐高温、耐高寒、耐燃、耐油、耐老化等性能；适用于内、外墙的粉刷层，起到单面防水、防潮、防污等作用
	阳离子氯丁胶乳水泥防水砂浆	具有良好的防水性能；适用于建筑物墙面、屋面、地面的防水、防腐，以及高速公路、飞机跑道、建筑物裂缝的防渗、堵漏修补、嵌缝等

279. 保温材料就等同于隔热材料吗？影响材料导热系数有哪些因素？

保温材料与隔热材料都统称为绝热材料，但保温材料不等同于隔热材料。绝热材料是指不易传热的、对热流具有显著阻抗性的材料或材料复合体。在冬季为防止由室内向室外传热的绝热材料，通常称为保温材料。在夏季为隔离太阳辐射热和室外高温影响的绝热材料称为隔热材料。如双层平板玻璃是在两层平板玻璃之间隔开，周边密封形成封闭空间。与单片玻璃相比，双层平板玻璃明显改善了室内暖气的散失，但它不能限制太阳直接照射透过的热能。所以，双层平板玻璃可称为保温材料，但不应称为隔热材料。

材料的导热能力用导热系数表示。导热系数是指在稳定传热条件下，当材料层单位厚度内的温差为1℃时，在1h内通过$1m^2$表面积的热量。材料导热系数越大，导热性能越好。工程上将导热系数$\lambda < 0.23W/(m \cdot K)$的材料称为绝热材料。

绝热材料除应具有较小的导热系数外，还应具有适宜的或一定的强度、抗冻性、耐水性、防火性、耐热性和耐低温性、耐腐蚀性，有时还需具有较小的吸湿性或吸水性等。优良的绝热材料应是具有很高的孔隙率的，且以封闭、细小孔隙为主的，吸湿性和吸水性较小的有机或无机非金属材料。多数无机绝热材料的强度较低、吸湿性或吸水性较高，使用时应予以注意。

绝热材料一般系轻质、疏松多孔的，且孔隙最好不连通，如加气混凝土、泡沫塑料等。轻质多孔材料的内部孔隙中填充着空气，而空气的导热系数比一般固体物要小得多，从而使材料总体的导热系数较小。由于轻质多孔材料具有良好的绝热性，因而绝热材料多为轻质多孔材料。工程上还要求材料施工容易，造价低廉，具有较好的技术经济效益。

影响材料导热系数的因素有以下几个方面，其中材料的孔隙率及含水率对导热系数的影响极为明显。

① 材料组成：材料的导热系数由大到小为：金属材料＞无机非金属材料＞有机材料。

② 微观结构：相同组成的材料，结晶结构的导热系数最大，微晶结构次之，玻璃体结构最小。为了获取导热系数较低的材料，可通过改变其微观结构的方法来实现，如水淬矿渣即是一种较好的绝热材料。

③ 孔隙率：孔隙率越大，材料导热系数越小。

④ 孔隙特征：在孔隙相同时，孔径越大，孔隙间连通越多，导热系数越大，这是由于孔中气体产生对流。纤维状材料存在一个最佳表观密度，即在该密度时导热系数最小。当表观密度低于这个最佳值时，其导热系数有增大趋势。

⑤ 含水率：由于水的导热系数 $\lambda = 0.58 W/(m \cdot K)$，远大于空气，所以材料含水率增加后其导热系数将明显增加。若受冻（冰 $\lambda = 2.33 W/(m \cdot K)$），则导热能力更大。

280. 常用的绝热材料各有何特点？如何使用？

绝热材料按照它们的化学组成可以分为无机绝热材料和有机绝热材料。

（1）常用无机绝热材料

常用无机绝热材料有多孔轻质类无机绝热材料、纤维状无机绝热材料以及泡沫状无机绝热材料。

① 多孔轻质类无机绝热材料：蛭石是一种有代表性的多孔轻质类无机绝热材料，它主要含复杂的镁、铁和水铝硅酸盐矿物，由云母类矿物经风化而成，具有层状结构。将天然蛭石经破碎、预热后快速通过煅烧带可使蛭石膨胀 20～30 倍。膨胀蛭石的导热系数约为 $0.046 \sim 0.070 W/(m \cdot K)$，可在 1000℃ 的高温下使用。主要用于建筑夹层，但需注意防潮。膨胀蛭石也可用水泥、水玻璃等胶结材胶结成板，用作板壁绝热，但导热系数值比松散状要大，一般为 $0.08 \sim 0.10 W/(m \cdot K)$。

② 纤维状无机绝热材料：

A. 矿物棉：岩棉和矿渣棉统称矿物棉，由熔融的岩石经喷吹制成的纤维材料称为岩棉，由熔融矿渣经喷吹制成的纤维材料称为矿渣棉。将矿物棉与有机胶粘剂结合可以制成矿棉板、毡、管壳等制品，其堆积密度约为 $45\sim150kg/m^3$，导热系数约为 $0.049\sim0.044W/(m\cdot K)$。由于低堆积密度的矿棉内空气可发生对流而导热，因而，堆积密度低的矿物棉导热系数反而略高。最高使用温度约为 $600℃$。矿棉也可制成粒状棉用作填充材料，其缺点是吸水性大、弹性小。

B. 玻璃纤维：玻璃纤维一般分为长纤维和短纤维。短纤维由于相互纵横交错在一起，构成了多孔结构的玻璃棉，常用于作绝热材料。玻璃棉堆积密度约为 $45\sim150kg/m^3$，导热系数约为 $0.041\sim0.035W/(m\cdot K)$。玻璃纤维制品的纤维直径对其导热系数有较大影响，导热系数随纤维直径增大而增加。以玻璃纤维为主要原料的保温隔热制品主要有：沥青玻璃棉毡和酚醛玻璃棉板，以及各种玻璃毡、玻璃毯等，通常用于房屋建筑的墙体保温层。

③ 泡沫状无机绝热材料：

A. 泡沫玻璃：泡沫玻璃是用玻璃细粉和发泡剂（石灰石、碳化钙和焦炭）经粉磨、混合、装模、煅烧（$800℃$左右）而得到的多孔材料。泡沫玻璃导热系数小、抗压强度高、抗冻性好、耐久性好，并且对水分、水蒸气和其他气体具有不渗透性，还容易进行机械加工，可锯、钻、车及打钉等。表观密度为 $150\sim200kg/m^3$ 的泡沫玻璃，其导热系数约为 $0.042\sim0.048W/(m\cdot K)$，抗压强度达 $0.55\sim0.16MPa$。泡沫玻璃作为绝热材料在建筑上主要用于保温墙体、地板、顶棚及屋顶保温。可用于寒冷地区建筑低层的建筑物。

B. 多孔混凝土：多孔混凝土是指具有大量均匀分布、直径小于2mm的封闭气孔的轻质混凝土，主要有泡沫混凝土和加气混凝土。随着表观密度减小，多孔混凝土的绝热效果增加，但强度下降。

(2) 常用有机绝热材料

常用有机绝热材料有泡沫塑料和硬质泡沫橡胶。

① 泡沫塑料：泡沫塑料是以各种树脂为基料，加入各种辅助料经加热发泡制得的轻质保温材料。目前泡沫塑料广泛用作建筑上的保温隔声材料，其表观密度很小，隔热性能好，加工使用方便。常用的泡沫塑料有聚苯乙烯泡沫塑料、脲醛泡沫塑料、聚氨酯泡沫塑料、聚氯乙烯泡沫塑料、泡沫酚醛塑料等。

② 硬质泡沫橡胶：硬质泡沫橡胶用化学发泡法制成。特点是导热系数小而强度大。硬质泡沫橡胶的表观密度在 $0.064 \sim 0.12 \mathrm{g/cm^3}$ 之间。表观密度越小，保温性能越好，但强度越低。硬质泡沫橡胶的抗碱和盐的侵蚀能力较强，但强的无机酸及有机酸对它有侵蚀作用。它不溶于醇等弱溶剂，但易被某些强有机溶剂软化溶解。硬质泡沫橡胶为热塑性材料，耐热性不好，在 65℃左右开始软化。硬质泡沫橡胶有良好的低温性能，低温下强度较高且具有较好的体积稳定性，可用于冷冻库。

281. 某冰库采用水玻璃胶结膨胀蛭石隔热材料，使用一段时间后隔热效果变差，何故？

用水玻璃胶结的膨胀蛭石板用于冰库容易受潮。当绝热材料受潮后，其导热系数就增大，这是由于当材料的孔隙中有了水分（包括水蒸气）后，除了孔隙中剩余的空气分子传热、对流及部分孔壁的辐射作用外，孔隙中的水蒸气的扩散和分子的热传导起了主要作用，而水的导热能力远大于孔隙中空气的导热能力。如果孔隙中的水结成了冰，而冰的导热系数更大，结果使材料的导热系数更加加大，材料的绝热性能下降，故绝热材料在使用时必须注意防水，避免潮湿。后来该冰库改用聚苯乙烯泡沫作为墙体隔热夹芯板，并在内墙喷涂聚氨酯泡沫层作绝热材料，取得了好的绝热效果。聚苯乙烯泡沫隔热夹芯板和聚氨酯泡沫层均不易受潮，且有较好的低温性能，其绝热效果好。

282. 建筑上常用的吸声材料及其吸声结构各有何特点？如何选用吸声材料？

吸声材料是一种能在较大程度上吸收由空气传递的声波能量的建筑材料，在音乐厅、影剧院、大会堂等内部的墙面、地面、顶棚等部位，适当采用吸声材料，能改善声波在室内传播的质量，保持良好的音响效果。

吸声材料的吸声性能以吸声系数 α 表示。吸声系数 α 指声波遇到材料表面时，被吸收的声能（E）与入射声能（E_0）之比。材料的吸声系数 α 越高，吸声效果越好。凡六个频率的平均吸声系数大于 0.2 的材料，可称为吸声材料。建筑上常用吸声材料及其吸声结构有如下特点：

① 多孔吸声材料：声波进入材料内部互相贯通的孔隙，空气分子受到摩擦和黏滞阻力，使空气产生振动，从而使声能转化为机械能，最后摩擦而转变为热能被吸收。这类多孔材料的吸声系数一般从低频到高频逐渐增大，故对中频和高频的声音吸收效果较好。材料中的开放的、互相连通的、细致的气孔越多，其吸声性能越好。

② 薄板振动吸声结构：薄板振动吸声结构具有良好的低频的吸声效果，同时还有助于声波的扩散。建筑中通常是把胶合板、薄木板、硬质纤维板、石膏板、石棉水泥板或金属板等周边固定在墙或顶棚的龙骨上，并在背后留有空气层，即构成薄板振动吸声结构。由于低频声波比高频声波容易激起薄板产生振动，所以薄板振动吸声结构具有低频的吸声特性。

③ 共振吸声结构：共振吸声结构具有封闭的空腔和较小的开口，很像个瓶子。当瓶腔内空气受到外力激荡，会按一定的频率振动，这就是共振吸声器。每个单独的共振器都有一个共振频率，在其共振频率附近，由于颈部空气分子在声波的作用下像活塞一样进行往复运动，因摩擦而消耗声能。若在腔口蒙一层细布或疏松的棉絮，可以加宽共振频率范围和提高吸声量。为了获得

较宽频带的吸声性能，常采用组合共振吸声结构。

④ 穿孔板组合共振吸声结构：穿孔板组合共振吸声结构与单独的共振吸声器相似，可看作是许多个单独共振器并联而成。穿孔板厚度、穿孔率、孔径、背后空气层厚度，以及是否填充多孔吸声材料等，都直接影响吸声结构的吸声性能。穿孔板组合共振吸声结构具有适合中频的吸声特性。这种吸声结构由穿孔的胶合板、硬质纤维板、石膏板、铝合金板、薄钢板等，将周边固定在龙骨上，并在背后设置空气层而构成，这种吸声结构在建筑中使用比较普遍。

⑤ 柔性吸声材料：柔性吸声材料是具有密闭气孔和一定弹性的材料，如聚氯乙烯泡沫塑料，表面似为多孔材料，但因具有密闭气孔，声波引起的空气振动不易直接传递至材料内部，只能相应地产生振动，在振动过程中由于克服材料内部的摩擦而消耗了声能，引起声波衰减。这种材料的吸声特性是在一定的频率范围内会出现一个或更多个吸收频率。

⑥ 悬挂空间吸声体：悬挂于空间的吸声体，由于声波与吸声材料的两个或两个以上的表面接触，增加了有效的吸声面积，产生边缘效应，加上声波的衍射作用，大大提高实际的吸声效果。实际使用时，可根据不同的使用地点和要求，设计成各种形式的悬挂在顶棚下的空间吸声体。空间吸声体有平板形、球形、圆锥形、棱锥形等多种形式。

⑦ 帘幕吸声体：帘幕吸声体是用具有通气性能的纺织品，安装在离墙面或窗洞一定距离处，背后设置空气层。这种吸声体对中、高频都有一定的吸声效果。帘幕的吸声效果与材料种类和褶纹有关。帘幕吸声体安装、拆卸方便，兼具装饰作用，应用价值较高。

选择吸声材料应考虑以下几方面的问题：

① 选择吸声材料应符合使用要求，如果要降低中高频噪声或降低中高频混响时间，则应选用中高频吸声系数较高的材料。如果要降低低频噪声或降低低频混响时间，则应选用低频吸声系

数较高的材料。

② 吸声系数不受环境和时间的影响，材料吸声性能应保持长期稳定可靠。

③ 防水、防潮、防蛀、防腐、防霉、防菌，这对在潮湿环境条件下使用是非常重要的。如游泳馆、地下工程及潮湿地区。

④ 防火性能好，应具有阻燃、难燃或不燃性能。对影剧院和地铁工程等公共场所应尽可能采用不燃材料。

⑤ 吸声材料要有一定的力学强度，以便在搬运、安装和使用过程中，不易损坏。经久耐用，不易老化。

⑥ 材料可加工性能好，质量小，便于加工安装以及维修调换。对于大型轻薄屋顶结构，如大跨度体育馆，其吸声吊顶的重量是至关重要的制约因素。

⑦ 吸声材料及其制品在施工安装和使用过程中不会散落粉尘、挥发有害气味、辐射有害物质、损害人体健康。

如，广州地铁坑口车站就采用了多种吸声材料。该地铁车站为地面站，一层为站台，二层为站厅。站厅顶部为纵向水平设置的半圆形拱顶，长84m，拱跨27.5m。离地面最高点10m，最低点4.2m，钢筋混凝土结构。在未作声学处理前该厅严重的声缺陷是低频声的多次回声现象。发一次信号枪，枪声就像轰隆的雷声，经久才停。声学工程完成以后，其声环境大大改善，经电声广播试验后，主观听声效果达到听清分散式小功率扬声器播音。该声学工程采用了多种吸声材料。一是阻燃轻质吸声材料。该材料是由天然植物纤维素，如碎纸、废棉絮等经防火和防尘处理，其吸声保温性能接近玻璃棉。现场喷粘或成品铺装而成。二是矿棉吸声板。矿棉吸声板是以矿渣棉为主要原料，加入适量胶粘剂、防尘剂和憎水剂经加压成型、烘干、固化、切割、贴面等工序而成。具有保温、吸声、抗震、不燃等特性。三是穿孔铝合金板和穿孔FC板。该材料经钻孔处理，因增加了材料暴露在声波中的面积，即增加了有效吸声表面面积，同时使声波易进入材料深处，因此，提高了材料的吸声性能。在穿孔板后面贴附玻璃棉更增强了吸声效果。

283. 某艺术中心后排观众为何听不到大提琴声?

某市艺术中心后排观众反映听不到大提琴的声音。据了解,该音乐厅采用2.5cm厚的GRG板,即纤维增强石膏板,因板太薄,刚性较差,抵抗低频共振的能力差,当音乐声辐射到墙板时激起墙板的共振,从而吸收了低频声能。广州歌剧院等采用了4cm厚的纤维增强石膏板,则有较理想的效果。

除材料厚度外,对于同一种多孔材料其孔隙率对低频和高频的吸声效果也有差别。当其表观密度增大,孔隙率减小时,对低频的吸声效果有所提高,而对高频的吸声效果则有所降低。

284. 泡沫玻璃能否用作吸声材料?

吸声材料和绝热材料在构造特征上都是多孔性材料,但二者的孔隙特征完全不同。绝热材料的孔隙特征是具有封闭的、互不连通的气孔,而吸声材料的孔隙特征是具有开放的、互相连通的气孔。

泡沫玻璃虽然是一种强度较高的多孔结构材料,但是它在烧成后含有大量封闭的气泡,且气孔互相不连通,因而不能用作吸声材料。

285. 什么是隔声材料?多孔砌块的孔能起到增强隔声的作用吗?

建筑上把主要起隔绝声音作用的材料称为隔声材料。隔声材料主要用于外墙、门窗、隔墙以及隔断等。隔声可分为隔绝空气声(通过空气传播的声音)和隔绝固体声(通过撞击或振动传播的声音)。两者的隔声原理截然不同。

对于空气声,根据声学中的"质量定律",其传声的大小主要取决于墙或板的单位面积质量,质量越大,越不易震动,则隔声效果越好。可以认为:固体声的隔绝主要是吸收,这和吸声材料是一致的；而空气声的隔绝主要是反射，因此必须选择密实、沉重的，如实心砖、钢板等作为隔声材料。

对于隔绝固体声音最有效的措施是采用不连续结构处理。即在墙壁和承重梁之间、房屋的框架和墙壁及楼板之间加弹性衬垫，这些衬垫的材料大多可以采用上述的吸声材料，如毛毡、软木等。将固体声转换成空气声后而被吸声材料吸收。

对于建筑物内的一些非承重分隔墙，特别是高层建筑，为了降低墙体自重，一般采用多孔砌块以及多孔空心条板等墙体材料。这些多孔材料孔的四周都是刚性连接，这些材料和构件内的孔不能当作双层墙板之间的空气层那样起到隔声作用。其隔声量大致与相同面密度的单层墙一样，符合隔声质量定律。

286. 建筑装饰材料的基本要求是什么？

建筑装饰材料的基本要求除了颜色、光泽、透明度、表面组织及形状尺寸等美感方面外，还应根据不同的装饰目的和部位，要求具有一定的环保、强度、硬度、防火性、阻燃性、耐水性、抗冻性、耐污染性、耐腐蚀性等特性要求。在当今日益强调以人为本和社会发展可持续性的今天，对材料的绿色环保功能和防火功能也越来越受到人们的重视。为了加强对室内装饰装修材料污染的控制，保障人民群众的身体健康和人身安全，国家制订了《建筑材料放射性核素限量》（GB 6566—2001）以及关于室内装饰装修材料有害物质限量等10项国家标准，并于2002年起正式实施。

此外，对不同使用部位的建筑装饰材料有不同的具体要求：

① 外墙装饰材料的功能及要求：使建筑物的色彩与周围环境协调、统一，同时保护墙体结构，延长结构物的使用寿命。

② 内墙装饰材料的功能及要求：保护墙体和保证室内的使用条件，创造一个舒适、美观和整洁的工作和生活环境。内墙装饰的另一功能是反射声波、吸声、隔声等作用。由于人对内墙面的距离较近，所以质感要细腻逼真。

③ 顶棚装饰材料的功能及要求：顶棚是内墙的一部分，色彩宜选用浅淡、柔和的色调，不宜采用浓艳的色调，还应与灯饰相协调。

④ 地面装饰材料的功能及要求：地面装饰的目的是保护基底材料，并达到装饰功能。最主要的性能指标是具有良好的耐磨性。

287. 我国对胶合板等装饰材料的有害物质限量的规定有哪些？

国家制订了《建筑材料放射性核素限量》（GB 6566—2001）以及关于室内装饰装修材料有害物质限量等 10 项国家标准，并于 2002 年正式实施。10 项国家标准如下：

《室内装饰装修材料　人造板及其制品中甲醛释放限量》（GB 18580—2001）

《室内装饰装修材料　溶剂型木器涂料中有害物质限量》（GB 18581—2001）

《室内装饰装修材料　内墙涂料中有害物质限量》（GB 18582—2001）

《室内装饰装修材料　胶粘剂中有害物质限量》（GB 18583—2001）

《室内装饰装修材料　木家具中有害物质限量》（GB 18584—2001）

《室内装饰装修材料　壁纸中有害物质限量》（GB 18585—2001）

《室内装饰装修材料　聚氯乙烯卷材地板中有害物质限量》（GB 18586—2001）

《室内装饰装修材料　地毯、地毯衬垫及地毯胶粘剂有害物质释放限量》（GB 18587—2001）

《混凝土外加剂中释放氨限量》（GB 18588—2001）

《建筑材料放射性核素限量》（GB 6566—2001）

以上 10 项强制性国家标准已于 2002 年正式实施。规定从 2002 年 7 月起市场上禁止出售不符合标准限量要求的产品。这 10 项标准涉及了人造板、内墙涂料、溶剂型木器涂料、胶粘剂、聚氯乙烯卷材地板等多种建筑材料。

然而，有关检测人员进行检查中，发现问题仍不少。其中有相当部分人造板甲醛超标。甲醛是具有强烈刺激性气味的气体，对皮肤、粘膜有强烈刺激，不仅会损伤肺、肝及神经系统，而且会造成免疫功能异常，是可疑的致癌物质。富裕起来的中国人对新家居急需装修，室内装饰装修材料的环保问题已成为关注的热点。

288. 用于室外和室内的建筑装饰材料主要功能有哪些差异？

（1）装饰性方面。室内主要是近距离观赏，多数情况下要求色泽淡雅、条纹纤细、表面光平（大面积墙体除外）；室外主要是远距离观赏，尤其对高层建筑，常要求材料表面粗糙、线条粗（板缝宽）、块形大、质感丰富。

（2）保护建筑物功能方面。室内除地面、浴厕、卫生间、厨房要求防水防蒸汽渗漏外，大多数属于一般保护作用；室外则不同，饰面材料应具有防水、抗渗、抗冻、抗老化、保色性强、抗大气作用等功能，从而保护墙体。

（3）兼具功能方面。室内根据房间功能不同，对装饰材料还常要求具有保温、隔热、或吸声、隔声、透气、采光、易擦洗、抗污染、抗撞击、地面耐磨、防滑、有弹性等功能；而外墙则要求隔声、隔热、保温、防火等功能。

289. 夏热冬暖地区宜选用双层平板玻璃还是低辐射中空玻璃？

双层平板玻璃是在两层平板玻璃之间隔开，周边密封形成封闭空间。与单片玻璃相比，双层平板玻璃的传热系数显著降低，明显改善了对冬季暖气的阻挡，并有隔声效果。但它不能限制太阳直接照射透过的热能。双层平板玻璃适用于以暖气能耗为主的北方寒冷地区的民用住宅，但夏热冬暖地区宜用低辐射中空玻璃。低辐射（Low-E）玻璃阻挡太阳热能时并不过多地限制可见光透过，太阳光经 Low-E 玻璃过滤后成为了"冷光源"，这对建筑物采光极为重要。遮阳型低辐射玻璃具有较低透光率，夏季可有效地阻挡太阳热能及其他热辐射能进入室内。对于采光要求较高的夏热冬暖地区建筑，选择遮阳型低辐射玻璃或遮阳型低辐射中空玻璃较合适。

290. 一般钾玻璃或钠玻璃在水蒸气的作用下为何会发霉？

钾玻璃和钠玻璃在水蒸气的长期作用下表面会发生分解，产生有硅酸凝胶和碱，同时，玻璃中的碱性氧化物还会与空气中的二氧化碳结合生成碳酸盐并在玻璃表面析出，形成白色斑点，降低玻璃的透光性，即所谓的玻璃发霉。

291. 玻璃能耐热防火吗？

用于建筑物的玻璃大多不具备耐热防火功能。如浮法玻璃遇火 1min 即炸裂，钢化玻璃遇火 5~8min 炸裂。而高强度单片铯钾防火玻璃是一种具有防火功能的建筑外墙用的幕墙或门窗玻璃，是采用物理与化学方法对浮法玻璃处理而得的。它在 1000℃高温下可坚持 75~109min 不炸裂，从而有效地限制了火灾及烟雾波及范围，大大提高了玻璃外墙的安全性。广州奥林匹克体育中心外墙使用了这种单片铯钾防火玻璃。

292. 建筑陶瓷如何按照质地分类和使用？

用于建筑工程的陶瓷制品，则称为建筑陶瓷，主要包括墙地砖、陶瓷锦砖、釉面砖、卫生陶瓷和琉璃制品等。

(1) 陶瓷制品按致密程度由小到大，或吸水率由大到小可分为陶质制品、炻质制品和瓷质制品。陶质制品为多孔结构,通常吸水率大于9%,断面粗糙无光,敲击时声音粗哑,有无釉和施釉两种制品,又可分为粗陶和精陶两种,粗陶不施釉,建筑上常用的烧结黏土砖瓦以及日用陶盆、陶罐,就是最普通的粗陶制品。精陶一般经素烧和釉烧两次烧成,通常呈白色或象牙色,吸水率为9%~12%,高的可达21%,建筑饰面用的釉面砖,以及卫生陶瓷和彩陶等多属此类。精陶根据其用途不同,又可分别称为建筑精陶、日用精陶和美术精陶等。

(2)瓷质制品结构致密,基本上不吸水,色洁白,具有一定的半透明性,其表面通常施有釉层。瓷质制品按其原料土化学成分与工艺制作的不同,又分为粗瓷和细瓷两种。

(3)炻质制品是介于陶质和瓷质之间的一类陶瓷制品,也称半瓷,其致密程度没有瓷质制品高,但比陶质制品致密。炻质制品吸水率较小,其坯体多带有颜色,且无半透明性。炻器按其坯体的细密程度不同,分为粗炻器和细炻器两种,粗炻器吸水率一般为4%~8%,细炻器吸水率可小于2%,建筑饰面用的外墙面砖、地砖和陶瓷锦砖(马赛克)等均属粗炻器。

常用建筑陶瓷制品有如下几类。

① 墙地砖:墙地砖一般是指外墙砖和地砖。外墙砖是用于建筑物外墙的饰面砖,通常为炻质制品。外墙贴面砖具有强度高、防潮、抗冻、防火、耐腐蚀、易于清洗、色调柔和等特点。外墙贴面砖包括带釉贴面砖、不带釉贴面砖、线砖及外墙立体贴面砖等。地砖砖面平整,色调均匀,耐腐耐磨,施工方便,还可拼成图案。一般用于室外台阶、地面及室内门厅、厨房、浴厕等处地面。

② 陶瓷锦砖:陶瓷锦砖也称陶瓷马赛克,是用于建筑物墙面、地面装饰的片状小瓷砖。陶瓷锦砖花式繁多,颜色丰富,可拼成各种图案,主要用于厨房、餐厅、浴室等地面铺贴。

③ 釉面砖:釉面砖属精陶质制品。它色泽柔和、典雅,朴实大方,表面光滑且容易清洗,热稳定性好,防潮、防火、耐酸

碱，主要用作厨房、卫生间、实验室精密仪器车间及医院等室内墙面、台面等作饰面材料，既清洁卫生，又美观耐用。

④ 琉璃制品：琉璃制品是用难熔黏土制坯成型后，经干燥、素烧、施釉、釉烧而制成，多属陶质制品。其特点是质地致密，表面光滑，不易沾污，坚实耐久，色彩绚丽，造型古朴。

⑤ 卫生陶瓷：卫生陶瓷制品主要是洗面器、大小便器、洗涤器、水槽等。

293. 釉面砖为什么一般适用于室内，而不宜用于室外？

釉面砖是多孔的精陶坯体，在长期与空气的水分接触过程中，会吸收大量水分而产生吸湿膨胀的现象。由于釉面层致密，吸水率小，吸湿膨胀非常小。由于釉的吸湿膨胀非常小，当坯体湿膨胀增长到使釉面处于拉应力状态，特别是当应力超过釉的抗拉强度时，釉面产生开裂。因此，若釉面砖用于外墙贴面，由于吸水率不同，干湿变形不一致，尤其受冻融循环作用，釉面砖极易出现裂纹、掉釉或脱落现象。所以，釉面砖一般适用于室内，而不宜用于室外。

294. 某厨房炉灶附近的内墙釉面砖一年后表面为何出现较多裂缝？

厨房炉灶附近的温差变化较大，釉面内墙砖的釉膨胀系数大于坯体的膨胀系数，在煮饭时，温度升高，随后冷却。在热胀冷缩的过程中，釉的变形大于坯，从而产生了应力。当应力过大，釉面就产生裂纹，因此该部位宜选用质量较好的内墙砖。

295. 建筑涂料是如何分类的？有机涂料与无机涂料各有何特点？

建筑涂料是指能涂于建筑物表面，并能形成连续性涂膜，从而对建筑物起到保护、装饰或使其具有某些特殊功能的材料。建筑涂料的涂层不仅对建筑物起到装饰的作用，还具有保护建筑物和提高其耐久性的功能，还有一些涂料具有特殊功能，如防火、防水、吸声、隔声、隔热保温、防辐射等功能。按使用功能的不同，建筑涂料又可分为装饰涂料、防水涂料、防火涂料和特种涂料。

按主要成膜物质的性质来分，建筑涂料可分为有机涂料、无机涂料和有机无机复合涂料。无机建筑涂料是以碱金属硅酸盐或硅溶胶为主要粘结料，加入颜料、填料及助剂配制而成的，在建筑物上形成薄质涂层的涂料。这种涂料性能优良，主要用于外墙装饰，常用喷涂施工，也可用刷涂或辊涂施工。这类涂料耐久性好，但抵抗基体开裂的性能较低。有机涂料会老化，但抵抗基体开裂的性能较强，且光泽好，颜色更鲜艳。

296. 如何选用外墙乳胶漆与油性涂料？

与油性涂料相比，外墙乳胶漆的保色性和保光性更好，特别在阳光充足的环境下尤为突出，其抗粉化、抗剥落和抗开裂性能也较好。但外墙乳胶漆一般宜避免于10℃以下施工，因为若达不到乳液的成膜温度，乳液不能形成连续涂膜，导致外墙乳胶漆出现裂纹。油性涂料在严重粉化的外墙表面有更好的附着力，具有更好的盖底功能，必须在10℃以下施涂时，油性涂料更有优势。

另外，还需说明的是，溶剂型外墙涂料的应用没有合成树脂乳液外墙涂料广泛，但这种涂料的涂层硬度、光泽、耐水性、耐沾污性、耐蚀性都很好，使用年限多在十年以上，颇为实用。但此类涂料不能在潮湿基层上施涂，且其有机溶剂易燃，有的还具有毒性。

297. 有一涂料开罐可见上层液体较浑且带颜色，漂浮物较多。这种涂料质量好吗？

彩色涂料开罐后，若可观察到罐内上层水液较浑浊且带颜色，漂浮物亦较多，多彩粒子大小不均的现象，则其质量较差。多彩涂料是由不相溶的两相组成，其中一相为由不同色相的瓷漆组成的分散相；另一相为含有保护胶体的水溶液。尽管两相密度不应有大的差异，但在储存过程中由于重力原因，瓷漆粒子会下沉，但不聚结，上部为水液，这种外观状态是正常现象。在购买或施工前可用下法简易地识别多彩涂料的质量：

① 首先检查上层水液是否清澈。如果水液严重浑浊或带有颜色，这说明多彩粒子有渗色或混色，粒子中的溶剂有迁移现象，稳定性差。质量好的多彩涂料上层水液应清澈，基本透明或微有浑浊，不带颜色。

② 检查上层水液中是否有漂浮物。如果有个别粒子悬浮物属正常范围，如果漂浮物较多，甚至有一定厚度，造成上、下部均有粒子而中间为水层的现象，则属质量欠佳。

③ 检查多彩粒子是否独立成形、均匀、粒子边界清晰。可用铲刀挑起部分涂料摊在玻璃或纸片上，仔细观察。如果粒子均匀、边界分明，说明涂料稳定性较好，未产生粒子的絮凝。反之，如果粒子一片模糊，或大小十分不均匀，说明涂料质量欠佳。

298. 某住宅冬季在新抹的水泥砂浆内墙上涂乳胶漆，后出现较多裂纹及掉粉，何故？

出现较多裂纹及掉粉与乳胶漆的质量和施工方式有关。如，某住宅于1月份涂刷，开涂料桶后发现涂料上部较稀，且有色料上浮。为赶工期，加较多水后，边搅拌边施涂。完工后除有一些色差外，人靠在墙上会有粉粘在衣服上。

此涂料的质量本身存在一定的问题，易离析，故开桶后可见上稀下稠，且又没有充分搅拌予以补救，下面稠的涂料填料沉淀，色淡。另一方面新抹的水泥砂浆含水率较高，涂料加入较多水后，被冲稀的涂料成膜不完善，且环境气温较低，影响涂层成膜。为此，常易掉粉。预防措施有：

① 使用质量好的涂料；
② 加适量水并充分搅拌；
③ 涂刷基体的含水率不可高，新抹水泥砂浆晾干，夏季7d以上，冬期14d以上；
④ 注意施工气候。在气温较低时，对涂层成膜有影响，尤需注意。一般宜避免于10℃以下施工，若必须于较低温度下施工，应选用高乳液成膜助剂用量的乳胶漆或油性涂料。另外，过热天气也会使涂料干燥过快，影响其耐久性。

299. 某地下室混凝土挡墙直接涂刷的涂料半年后局部析白，进而局部脱落。如何防治？

该挡墙混凝土含碱量较高，受潮后碱析出，而该涂料不耐碱，故析白、脱壳以至脱落。对含碱较高的墙体或基层，在刷涂料前，用15%~20%浓度的硫酸锌或氯化锌溶液在基层面涂刷几遍，干燥后扫除析出的粘附物，洗刷干净后，批腻子，再涂涂料。

300. 某客厅以壁纸装修2年后，长期光照与背光的壁纸变得深浅不一，何故？

壁纸在使用过程中在长期光照下会出现褪色现象，而背光或角落处则褪色慢或基本不褪色。这样一来，受阳光照射的墙与基本无阳光照射墙的颜色也就逐渐深浅不一。

壁纸褪色快慢与其褪色性有关。其褪色性评价指标分为5级，级数越高，在光照下褪色越慢，合格品的褪色性为≥3级。该客厅阳光照射差异明显，宜选用优等品壁纸，褪色性要求大于4级，这样其耐照性就好。

301. 建筑功能材料的主要发展方向是怎样的？

建筑功能材料发展迅速，且在三方面有较大的发展：一是注重环境协调性，注重健康、环保；二是复合多功能；三是智能化。

随着社会的进步，健康、环保成为人类的共同愿望和正当要求，人们把符合环保要求的产品冠以富于勃勃生机的"绿色"，如"绿色食品"、"绿色建材"等。建筑功能材料作为建材活跃的一大类，重要的发展方向就是绿色。所谓绿色建材又称生态建材、环保建材等，其本质内涵是相通的，即采用清洁生产技术，少用天然资源和能源，大量使用工农业或城市废弃物生产无毒害、无污染、达生命周期后可回收再利用，有利于环境保护和人体健康的建筑材料。绿色材料一般具有以下特征：

（1）满足建筑设计的力学性能、使用功能和寿命要求。

（2）在生产、使用过程中具有最小的环境负荷影响，寿命终结时可实现再生循环利用，对自然环境友好和符合可持续发展原则。

（3）能够满足对人类健康无伤害原则，甚至具有有利于提高人类生活质量水平的功能特性。

在当前的科学技术和社会生产力条件下，已经可以利用各类工业废渣生产水泥、砌块、装饰砖和装饰混凝土等；利用废弃的泡沫塑料生产保温墙体材料；利用无机抗菌剂生产各种抗菌涂料和建筑陶瓷等各种新型绿色功能建筑材料。

复合多功能建材是指材料在满足某一主要的建筑功能的基础上，附加了其他使用功能的建筑材料。例如，抗菌自洁涂料，它既能满足一般建筑涂料对建筑主体结构材料的保护和装饰墙面的作用，同时又具有抵抗细菌的生长和自动清洁墙面的附加功能，使得人类的居住环境质量进一步提高，满足人们对健康居住环境的要求；又如，多功能玻璃，人类制造使用玻璃已有上千年的历史，随着科学技术的发展，建筑玻璃的功能已不仅仅是采光要求，而发展为多功能复合：光线调节、保温隔热、防弹防盗、防辐射、防电磁干扰、装饰等等。

所谓智能化建材是指材料本身具有自我诊断和预告失效、自我调节和自我修复的功能，并可继续使用的建筑材料。当这类材料的内部发生异常变化时，能将材料的内部状况反映出来，以便在材料失效前采取措施，甚至材料能够在其失效初期自动进行自我调节，恢复材料的使用功能。例如：自修复混凝土材料，相当部分建筑物在完工，尤其受到动荷载作用后，可能会产生不利的裂纹，对抗震尤其不利。自愈合混凝土有可能克服此缺点，大幅度提高建筑物的抗震能力。把低模量胶粘剂填入中空玻璃纤维，并使胶粘剂在混凝土中长期保持性能。当结构开裂，玻璃纤维断裂，胶粘剂释放，胶粘裂缝。为防玻璃纤维断裂，将填充了胶粘剂的玻璃纤维用水溶性胶粘结成束，平直地埋入混凝土中。又如，自动调光玻璃，根据外部光线的强弱，自动调节透光率，保持室内光线的强度平衡，既避免了强光对人的伤害，又可调节室温和节约能源。

总之，随着社会的发展和科学技术的进步，人们对自身生活环境质量改善的要求越来越高，建筑功能材料的发展也随之不断进步，要真正实现建筑材料的多种功能于一体的健康、环保材料的生产和应用，尚有较大差距，有待于建筑材料的研究者、生产者、使用者共同努力，实现建筑功能材料生产和使用的可持续发展目标。

参考文献

[1] 华南理工大学研制，苏达根主编．土木工程材料网络课程．北京：高等教育出版社，高等教育电子音像出版社，2003
[2] 苏达根主编．土木工程材料（第二版）[M]．北京：高等教育出版社，2008
[3] 苏达根主编．水泥与混凝土工艺[M]．北京：化学工业出版社，2005
[4] 苏达根，钟明峰编著．材料生态设计[M]．北京：化学工业出版社，2007
[5] 苏达根编著．建筑材料与工程质量[M]．广州：华南理工大学出版社，1997
[6] 苏达根，何娟，张京锋．硅烷偶联剂对沥青与石料及水泥胶砂界面的作用[J]．华南理工大学学报（自然科学版），2007（2）
[7] 苏达根，王小波．硅烷偶联剂对复合水泥砂浆性能的影响[J]．有机硅材料，2007（3）
[8] 苏达根，初昆明，孙涛．分选与磨细粉煤灰对水泥胶砂性能的影响[J]．水泥，2006（4）
[9] 苏达根，陆金驰．煤粉炉渣蒸压硅酸盐制品研究[J]．粉煤灰综合利用，2004（5）
[10] 程从密，苏达根．玻璃幕墙中耐候硅酮密封胶嵌缝的设计与施工[J]．广州：华南建筑学院学报，2000（8）
[11] 苏达根，韩大建等．斜拉桥拉索灌浆异常特性的研究[J]．华南理工大学学报，1996（8）
[12] 苏达根，高德虎，张志杰．斜拉索失效原因分析[J]．工业建筑，1999（9）
[13] 苏达根，张京锋，何娟．硅烷偶联剂改性乳化沥青的性能研究[J]．广州化工，2006（3）
[14] 周新涛，苏达根，钟明峰．铝硅磷质胶凝材料的微观结构与性能[J]．硅酸盐学报，2007（1）
[15] 苏达根，钟小敏．海水环境下混凝土耐久性研究[J]．工业建筑，

2007 (5)

[16] 原著 SHAN SOMAYAJI, 改编阎培渝. 土木工程材料（第 2 版, 改编版）[M]. 北京: 高等教育出版社, 2006

[17] 马保国, 刘军编著. 建筑功能材料 [M]. 武汉: 武汉理工大学出版社, 2004

[18] Neville Adam. Concrete Technology An Essential Element of Structural Design. Concrete International, 1998 (7)

[19] 郑水林编著. 非金属矿加工与应用 [M]. 北京: 化学工业出版社, 2003

[20] 张云理, 卞葆芝. 混凝土外加剂产品及应用手册 [M]. 北京: 中国铁道出版社, 1994

[21] 陈建奎编著. 混凝土外加剂的原理与应用 [M]. 北京: 中国计划出版社, 1997

[22] 王福川主编. 土木工程材料 [M]. 北京: 中国建材工业出版社, 2004

[23] 覃维祖主编. 结构工程材料 [M]. 北京: 清华大学出版社, 2000

[24] 王宗昌, 高振东编著. 建筑工程质量百问 [M]. 北京: 中国建筑工业出版社, 1999

[25] 李立寒, 张南鹭主编. 道路建筑材料 [M]. 上海: 同济大学出版社, 1999

[26] 董兵主编. 室内木地板选购装饰指南 [M]. 北京: 中国林业出版社, 2005

[27] 瞿海潮主编. 建筑粘合与防水材料应用手册 [M]. 北京: 中国石化出版社, 2000

[28] 王士坤编. 土木工程材料问答实录 [M]. 北京: 机械工业出版社, 2007

[29] 交通部重庆公路科学研究所主编. 公路土工合成材料应用技术规范（JTJ/T 019—98）. 北京: 人民交通出版社, 2001

[30] 严捍东主编, 钱晓倩副主编. 新型建筑材料教程 [M]. 北京: 中国建材工业出版社, 2005

[31] 符芳主编. 土木工程材料（第三版）[M]. 南京: 东南大学出版社, 2006

[32] 李维, 李巧珍主编. 建筑材料质量检测 [M]. 北京: 中国计量出版社, 2006